JN142952

p進ゼータ関数

久保田-レオポルドから岩澤理論へ

青木美穂 Aoki Miho［著］

シリーズ ゼータの現在

日本評論社

はじめに

本書の執筆中であった 2018 年 5 月 19 日，名城大学において行われた愛知数論セミナーで久保田富雄先生の講演がありました．先生の米寿のお祝いを兼ねたセミナーに，先生は静かに現れ，静かな声でお話をされました．講演の冒頭に，ガウスなどの研究に触れながら,「完成された理論であっても発展しなければならない」という意味のお話がありました．久保田先生がレオポルドとともに p 進世界において発見したゼータ関数は，関孝和，ヤコブ・ベルヌーイからオイラー，リーマンらの研究によって受け継がれてきたゼータ関数と異質のものではなく，実世界と並行して存在する p 進世界に姿を変えて同時に存在しています．ベルヌーイ数が持つ p 進的な情報は，p 進ゼータ関数が実世界に少しだけ姿を見せているもので，p 進世界では立派な関数として存在していることを久保田先生とレオポルドは示しました．この p 進ゼータ関数が本書のテーマです．

p 進ゼータ関数は，その後，岩澤健吉先生の仕事により，$\mathbb{Z}_p$ 拡大とよばれる大きな体に現れる代数的対象と結びつき，岩澤理論とよばれる分野の中心的役割を担う関数になります．

本書が p 進世界のゼータ関数の導入書になれば幸いです．

2018 年 10 月 22 日

青木 美穂

目次

第1章

ベルヌーイ数とゼータ関数

1.1　ベルヌーイ数とリーマンのゼータ関数

17 世紀の遠く離れた日本とスイスで，素数と深い関係のある重要な数列が，ほぼ同時に発見される．その数列は後に関・ベルヌーイ数またはベルヌーイ数とよばれる．江戸時代に和算の創始者として活躍した関孝和とスイスのヤコブ・ベルヌーイは，現在高校で学習する公式

$$1+2+3+\cdots+n=\frac{1}{2}n(n+1)$$

$$1^2+2^2+3^2+\cdots+n^2=\frac{1}{6}n(n+1)(2n+1)$$

を一般化し，1 から n までの正の整数の m 乗和

$$1^m+2^m+3^m+\cdots+n^m$$

を n に関する多項式で表したとき，その係数が二項係数 $\binom{n}{k}$ と，ある有理数の数列 $B_0, B_1, B_2, \cdots$（ベルヌーイ数）で次のように表せることを発見した．

定理 1.1　任意の非負整数 m と正の整数 n に対し，次の等式が成り立つ．

$$1^m+2^m+3^m+\cdots+n^m=\frac{1}{m+1}\sum_{k=0}^{m}\binom{m+1}{k}B_k\,n^{m+1-k}$$

ここで $B_0, B_1, B_2, \cdots$ は次の漸化式で帰納的に定義される数列である．

$$\sum_{k=0}^{n}\binom{n+1}{k}B_k=n+1 \quad (n=0,1,2,\cdots)$$

たとえば $k=0,\cdots,5$ に対しては，

$$B_0=1,\ B_1=\frac{1}{2}^{*1},\ B_2=\frac{1}{6},\ B_3=0,\ B_4=-\frac{1}{30},\ B_5=0$$

である．ベルヌーイ数は 3 以上の奇数 k に対し，$B_k = 0$ となることや，偶数次のベルヌーイ数 B_{2k} $(k \geqq 1)$ は正の有理数と負の有理数が交互に現れること，すなわち $(-1)^{k-1}B_{2k} > 0$ が成り立つことなどが知られている．このとき発見されたベルヌーイ数は，約 100 年後，ヤコブ・ベルヌーイの弟ヨハン・ベルヌーイに師事したオイラーによって，後にリーマンのゼータ関数とよばれる重要な関数の特殊値との関係を見出される．ここで，リーマンのゼータ関数とは以下のように無限級数で定義される関数である．

定義 1.2　$\mathrm{Re}(s) > 1$ をみたす複素数 s に対し，無限級数

$$\zeta(s) = \sum_{n=1}^{\infty} \frac{1}{n^s}$$

で定義される関数をリーマンのゼータ関数という．

定義 1.2 の右辺の級数は，$\mathrm{Re}(s) > 1$ のとき絶対収束する．また，この関数は複素平面上の有理型関数に解析接続され，$s = 1$ で 1 位の極をもち，留数は 1 である．リーマンのゼータ関数が定式化される約 100 年前の 18 世紀にオイラーは次のような等式を証明した．

$$\zeta(2) = \frac{1}{1^2} + \frac{1}{2^2} + \frac{1}{3^2} + \cdots = \frac{\pi^2}{6}$$
$$\zeta(4) = \frac{1}{1^4} + \frac{1}{2^4} + \frac{1}{3^4} + \cdots = \frac{\pi^4}{90}$$
$$\zeta(6) = \frac{1}{1^6} + \frac{1}{2^6} + \frac{1}{3^6} + \cdots = \frac{\pi^6}{945}$$
$$\zeta(8) = \frac{1}{1^8} + \frac{1}{2^8} + \frac{1}{3^8} + \cdots = \frac{\pi^8}{9450}$$

オイラーは，一般にリーマンのゼータ関数の正の偶数 $2n$ における値が

---

*1　（1 ページ）$B_0, B_1, B_2, \cdots$（ベルヌーイ数）を次の漸化式で定義する流儀がある．

$$\sum_{k=0}^{n} \binom{n+1}{k} B_k = 0$$

本シリーズ『ゼータへの招待』（[KK]），『オイラーとリーマンのゼータ関数』（[K]）では，この流儀で表記されている．2 つの流儀の違いは B_1 のみであり，この流儀では $B_1 = -\dfrac{1}{2}$ である．

$$\zeta(2n) = \frac{(-1)^{n-1}2^{2n-1}B_{2n}}{(2n)!}\pi^{2n}$$

と表せることを証明した．さらに，オイラーは 0 以下の整数における値も以下のように計算した．

定理 1.3　任意の正の整数 n に対し，

$$\zeta(1-n) = -\frac{B_n}{n}$$

が成り立つ．

リーマンのゼータ関数については，本シリーズ『ゼータへの招待』（[KK]）第 3 章，『オイラーとリーマンのゼータ関数』（[K]）に詳しい解説が書かれている．

このように，17 世紀に関とベルヌーイが，べき乗和の公式の定式化のために使用したベルヌーイ数は，18 世紀オイラーによって正の整数の逆数のべき乗和に現れる数列として新たに重要な意味を与えられた．さらに 19 世紀に入るとリーマンにより，ベルヌーイ数は素数の情報を含むリーマンのゼータ関数の特殊値に現れる数列として捉えられることになった．

ベルヌーイ数の分母，分子を素因数分解すると，表 1.1 が得られる．

表 1.1　ベルヌーイ数 B_k $(0 \leqq k \leqq 50)$

k	B_k
0	1
1	$1/2$
2	$1/6 = 1/2 \cdot 3$
4	$-1/30 = -1/2 \cdot 3 \cdot 5$
6	$1/42 = 1/2 \cdot 3 \cdot 7$
8	$-1/30 = -1/2 \cdot 3 \cdot 5$
10	$5/66 = 5/2 \cdot 3 \cdot 11$
12	$-691/2730 = -691/2 \cdot 3 \cdot 5 \cdot 7 \cdot 13$
14	$7/6 = 7/2 \cdot 3$
16	$-3617/510 = -3617/2 \cdot 3 \cdot 5 \cdot 17$
18	$43867/798 = 43867/2 \cdot 3 \cdot 7 \cdot 19$

20	$-174611/330 = -283 \cdot 617/2 \cdot 3 \cdot 5 \cdot 11$
22	$854513/138 = 11 \cdot 131 \cdot 593/2 \cdot 3 \cdot 23$
24	$-236364091/2730 = -103 \cdot 2294797/2 \cdot 3 \cdot 5 \cdot 7 \cdot 13$
26	$8553103/6 = 13 \cdot 657931/2 \cdot 3$
28	$-23749461029/870 = -7 \cdot 9349 \cdot 362903/2 \cdot 3 \cdot 5 \cdot 29$
30	$8615841276005/14322 = 5 \cdot 1721 \cdot 1001259881/2 \cdot 3 \cdot 7 \cdot 11 \cdot 31$
32	$-7709321041217/510 = -37 \cdot 683 \cdot 305065927/5 \cdot 2 \cdot 3 \cdot 5 \cdot 17$
34	$2577687858367/6 = 17 \cdot 151628697551/2 \cdot 3$
36	$-26315271553053477373/1919190$
	$= -26315271553053477373/2 \cdot 3 \cdot 5 \cdot 7 \cdot 13 \cdot 19 \cdot 37$
38	$2929993913841559/6 = 19 \cdot 154210205991661/2 \cdot 3$
40	$-261082718496449122051/13530$
	$= -137616929 \cdot 1897170067619/2 \cdot 3 \cdot 5 \cdot 11 \cdot 41$
42	$1520097643918070802691/1806$
	$= 1520097643918070802691/2 \cdot 3 \cdot 7 \cdot 43$
44	$-27833269579301024235023/690$
	$= -11 \cdot 59 \cdot 8089 \cdot 2947939 \cdot 1798482437/2 \cdot 3 \cdot 5 \cdot 23$
46	$596451111593912163277961/282$
	$= 23 \cdot 383799511 \cdot 67568238839737/2 \cdot 3 \cdot 47$
48	$-5609403368997817686249127547/46410$
	$= -653 \cdot 56039 \cdot 153289748932447906241/2 \cdot 3 \cdot 5 \cdot 7 \cdot 13 \cdot 17$
50	$495057205241079648212477525/66$
	$= 5^2 \cdot 417202699 \cdot 47464429777438199/2 \cdot 3 \cdot 11$

ベルヌーイ数の分母に着目すると，次のような性質がある．

素数 p がベルヌーイ数 B_k の分母を割るならば，k は $p-1$ で割り切れる．

実際，ベルヌーイ数の分母は上記のような性質をみたす素数すべての積であることが，クラウゼンとフォンシュタウトによって 1840 年に独立に証明された[*2]．

---

*2　[Cl]，[St] 参照．

定理 1.4（クラウゼン, フォンシュタウトの定理） 任意の正の偶数 n に対し,

$$B_n + \sum_{(p-1)|n} \frac{1}{p} \quad \in \mathbb{Z}$$

が成り立つ.

有理数体

$$\mathbb{Q} = \{xy^{-1} | x \in \mathbb{Z},\ y \in \mathbb{Z} \setminus \{0\}\}$$

の部分環 $\mathbb{Z}_{(p)}$ を

$$\mathbb{Z}_{(p)} = \{xy^{-1} | x \in \mathbb{Z},\ y \in \mathbb{Z} \setminus p\mathbb{Z}\}$$

とおくと定理 1.4 は次の主張と同値である.

k を正の偶数, p を素数とする. このとき次が成り立つ.

(1) $(p-1) \nmid k$ ならば, $B_k \in \mathbb{Z}_{(p)}$.

(2) $(p-1)|k$ ならば, $B_k + \dfrac{1}{p} \in \mathbb{Z}_{(p)}$.

一方, B_k の分子は素数と同様, 不規則な値をとる. この分子は類数とよばれる数論において重要な不変量と関係することから, ベルヌーイ数は現代の数論において重要な数列であると考えられている.

定理 1.3 から, リーマンのゼータ関数の負の整数における値は有理数であることが分かる. 各素数 p に対し, この特殊値の間に不思議な合同式が成り立つことが 1851 年クンマーによって証明された. 正の偶数 k に対し, 有理数 B_k/k の法 p に関する剰余を計算すると, $p = 5, 7, 11$ に対して, 次ページの表 1.2 が得られる.

表の $*$（アスタリスク）は

$$\frac{B_k}{k} = \frac{t}{s}, \quad s, t \in \mathbb{Z},\ (s,t) = 1$$

の分母 s が p で割り切れることを意味し, s が p で割り切れないとき, $B_k/k \bmod p$ は s の法 p における逆元 $s^{-1} \in \mathbb{Z}$（すなわち, $s \times s^{-1} \equiv 1 \mod p$）をとり, $ts^{-1} \in \mathbb{Z}$ の法 p に関する剰余を表す. 表 1.2 から有理数 B_k/k の法 p に関する剰余は $(p-1)$ の周期をもつことが分かる.

表 1.2　$\dfrac{B_k}{k} \bmod p \ (0 < k < 20)$

k	2	4	6	8	10	12	14	16	18
$\dfrac{B_k}{k}$	$\dfrac{1}{12}$	$-\dfrac{1}{120}$	$\dfrac{1}{252}$	$-\dfrac{1}{240}$	$\dfrac{1}{132}$	$-\dfrac{691}{32760}$	$\dfrac{1}{12}$	$-\dfrac{3617}{8160}$	$\dfrac{43867}{14364}$
$\dfrac{B_k}{k} \bmod 5$	3	*	3	*	3	*	3	*	3
$\dfrac{B_k}{k} \bmod 7$	3	6	*	3	6	*	3	6	*
$\dfrac{B_k}{k} \bmod 11$	1	1	10	6	*	1	1	10	6

整数 k が $p-1$ で割り切れなければ，$\dfrac{B_k}{k} \in \mathbb{Z}_{(p)}$ であり，合同式

$$k \equiv k' \pmod{p-1}$$

をみたす整数 k' に対し，

$$\frac{B_k}{k} \equiv \frac{B_{k'}}{k'} \pmod{p}$$

である．

クンマーはこの現象を一般化し，次の合同式を証明した[*3]．

定理 1.5（クンマーの合同式）　k, k' を正の偶数とし，$(p-1) \nmid k$ と仮定する．

(1) $\dfrac{B_k}{k} \in \mathbb{Z}_{(p)}$ である．

(2) 正の整数 N に対し，$k \equiv k' \ (\mathrm{mod}\ (p-1)p^N)$ ならば，

$$(1-p^{k-1})\frac{B_k}{k} \equiv (1-p^{k'-1})\frac{B_{k'}}{k'} \quad (\mathrm{mod}\ p^{N+1}\mathbb{Z}_{(p)})$$

が成り立つ．

[*3] [Ku] 参照．

この定理から，$p-1 \nmid k$ のとき，$k-1 \geqq N+1$ をみたす整数 k に対し，$B_k/k \bmod p^{N+1}$ の値は $k \bmod (p-1)p^N$ の値で定まることが分かる（表 1.3 参照）．

表 1.3　$(1-7^{k-1})\dfrac{B_k}{k} \bmod 7, \bmod 7^2 \ (2 \leqq k \leqq 50)$

k	$(1-7^{k-1})\dfrac{B_k}{k} \bmod 7$	$(1-7^{k-1})\dfrac{B_k}{k} \bmod 7^2$
2	3	24
4	6	20
6	*	*
8	3	10
10	6	13
12	*	*
14	3	45
16	6	6
18	*	*
20	3	31
22	6	48
24	*	*
26	3	17
28	6	41
30	*	*
32	3	3
34	6	34
36	*	*
38	3	38
40	6	27
42	*	*
44	3	24
46	6	20
48	*	*
50	3	10

20 世紀に入り，ヘンゼル，ハッセらによる各素数 p ごとに定まる p 進距離を用いた p 進的手法の導入により，ゼータ関数などの解析的対象の p 進的な性質が研究されるようになった．ヴィットは次のようにベルヌーイ数が級数の p 進的極限値で表せることを示した[*4]．

定理 1.6（ヴィットの公式）　p 進体 $\mathbb{Q}_p$ において次の等式が成り立つ．

$$B_k = \lim_{N\to\infty} \frac{1}{p^N} \sum_{a=1}^{p^N} a^k$$

定理の主張の $\mathbb{Q}_p$ は第 2 章で定義されるが，この体では数の大きさを測る絶対値が "p でたくさん割れるほど小さい" という p 進絶対値で定義される．たとえば，3 進体 $\mathbb{Q}_3$ は，$1,2,3,4,5,6,7,8$ より 9 の方が小さい世界である．有理数体 $\mathbb{Q}$ はこの体の部分体になり，$a \in \mathbb{Q}$ に対し，a の p 進絶対値は，

$$|a|_p = \begin{cases} p^{-v_p(a)} & (a \neq 0), \\ 0 & (a = 0) \end{cases}$$

で定義される．ただし，$a \neq 0$ のとき $v_p(a) \in \mathbb{Z}$ は，

$$a = p^{v_p(a)} \frac{c}{b} \quad (b, c \in \mathbb{Z}, p \nmid b, p \nmid c)$$

をみたす整数とする．ヴィットの公式は，

$$\lim_{N\to\infty} \left| B_k - \frac{1}{p^N} \sum_{a=1}^{p^N} a^k \right|_p = 0,$$

つまり，N を大きくしていくと，有理数 $B_k - (1/p^N) \sum_{a=1}^{p^N} a^k$ が $\mathbb{Q}_p$ において 0 に近づく，言い換えると分子が p でたくさん割れることを主張する．定理 1.4，定理 1.6 の証明は 1.7 節で，定理 1.5 の証明は 5.2 節で与える．3 つの定理は，リーマンのゼータ関数の特殊値が素数に関する性質をもっていることを表している．これらの性質は特定の素数 p に関し強い性質をもつ p 進的なゼータ関数の存在を示唆している．実際，第 3 章で $-(1-p^{k-1})B_k/k$ を特殊値にもつような p 進ゼータ関数を定義する

[*4] [Ha] 参照.

が，クンマーの合同式からそのような関数は複数存在することが予想される．これは，リーマンのゼータ関数に対応する p 進ゼータ関数だけではなく，次節で定義するディリクレの L 関数に対応する p 進 L 関数が存在することに起因する．

1.2　一般ベルヌーイ数とディリクレの L 関数

n を正の整数とする．写像

$$\chi\colon \mathbb{Z} \longrightarrow \mathbb{C}$$

が以下の性質（1）～（3）をみたすとき，χ を法 n に関する**ディリクレ指標**という．

（1）整数 a, b が $a \equiv b \pmod{n}$ をみたすとき，$\chi(a) = \chi(b)$ である．

（2）$\chi(ab) = \chi(a)\chi(b)$.

（3）整数 a に対し，$\chi(a) \neq 0$ であるための必要十分条件は，$(a, n) = 1$ である．

（2），（3）より $\chi(1) = 1$ である．よって特に $n = 1$ のとき，（1）から任意の整数 a に対し，$\chi(a) = 1$ であることが分かる．この指標を**恒等指標**といい，$\mathbf{1}$ で表す．また，法 n に関するディリクレ指標 χ が

$$\chi(a) = \begin{cases} 0 & ((a, n) \neq 1 \text{ のとき}), \\ 1 & ((a, n) = 1 \text{ のとき}) \end{cases}$$

をみたすとき，この指標を法 n に関する**単位指標**とよび，$\mathbf{1}_n$ で表す．さらに（2）から $\chi(-1) = \pm 1$ が分かるが，$\chi(-1) = 1$ をみたす χ を**偶指標**，$\chi(-1) = -1$ をみたす χ を**奇指標**という．

法 n に関するディリクレ指標 χ は次の群準同型写像を定める．この写像も χ と表す．

$$\chi\colon (\mathbb{Z}/n\mathbb{Z})^{\times} \longrightarrow \mathbb{C}^{\times}$$

法 n に関するディリクレ指標 χ と任意の n の倍数 m に対して，

$$\widetilde{\chi}(a) = \begin{cases} \chi(a) & (a, m) = 1 \text{ のとき} \\ 0 & (a, m) \neq 1 \text{ のとき} \end{cases}$$

と定めると，$\widetilde{\chi}$ は法 m に関するディリクレ指標である．このとき，χ, $\widetilde{\chi}$ は以下の可換図式をみたす．

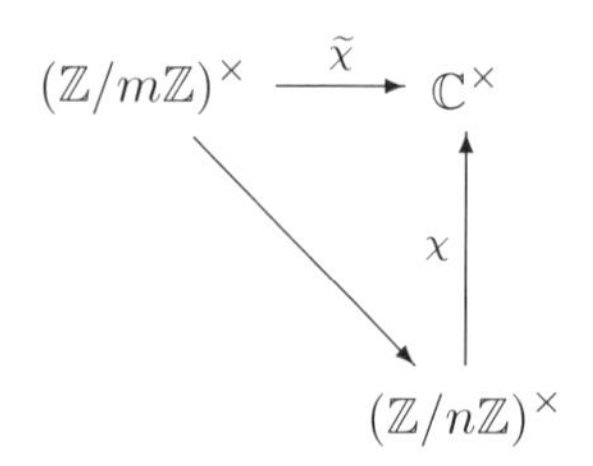

ここで，写像 $(\mathbb{Z}/m\mathbb{Z})^\times \to (\mathbb{Z}/n\mathbb{Z})^\times$ は

$$a \bmod m\mathbb{Z} \mapsto a \bmod n\mathbb{Z}$$

で定義される自然な写像である．ディリクレ指標 $\widetilde{\chi}$ を χ から導かれる指標という．ディリクレ指標 χ が法 f に関する指標から導かれ，f より小さい正の整数 n を法とするディリクレ指標からは導かれないとき，f を χ の**導手**という．また，法 n に関するディリクレ指標 χ に対し，χ の導手が n 自身のとき，χ を**原始的ディリクレ指標**という．法 n に関する単位指標 $\mathbf{1}_n$ の導手は 1 であり，恒等指標 $\mathbf{1}$ は導手 1 の原始的ディリクレ指標である．

導手 f_1, f_2 の原始的ディリクレ指標 χ_1, χ_2 に対し，写像

$$\psi:\ \mathbb{Z} \longrightarrow \mathbb{C}, \quad \psi(a) = \chi_1(a)\chi_2(a)$$

は法 $\mathrm{lcm}(f_1, f_2)$ に関するディリクレ指標である．ψ を導く原始的ディリクレ指標を $\chi_1\chi_2$ と表す．$\chi_1\chi_2$ の導手は $\mathrm{lcm}(f_1, f_2)$ の約数だが，一般には $\mathrm{lcm}(f_1, f_2)$ と一致しないので注意が必要である．

[例] χ_1 を $\chi_1(1) = \chi_1(7) = 1$, $\chi_1(3) = \chi_1(5) = -1$ をみたす導手 8 の原始的ディリクレ指標，χ_2 を $\chi_2(1) = \chi_2(5) = \chi_2(19) = \chi_2(23) = 1$, $\chi_2(7) = \chi_2(11) = \chi_2(13) = \chi_2(17) = -1$ をみたす導手 24 の原始的ディリクレ指標とする．このとき $\chi_1\chi_2$ は $\chi_1\chi_2(1) = \chi_1\chi_2(11) = 1$, $\chi_1\chi_2(5) = \chi_1\chi_2(7) = -1$ をみたす導手 12 の原始的ディリクレ指標である．

法 n に関するディリクレ指標 χ に対し，χ の像

$$\mathrm{Im}\chi = \{\chi(a) \mid a \in (\mathbb{Z}/n\mathbb{Z})^\times\}$$

は

$$\mu_{\varphi(n)}(\mathbb{C}) = \{\zeta \in \mathbb{C} \mid \zeta^{\varphi(n)} = 1\}$$

の部分群である．ここで $\varphi(n)$ はオイラー関数，すなわち n と互いに素な n 以下の正の整数の個数を表す．$\mathbb{Q}$ 上 $\mathrm{Im}\chi$ で生成される体を $\mathbb{Q}_\chi = \mathbb{Q}(\mathrm{Im}\chi)$ とおく．

定義 1.7 χ を法 n に関するディリクレ指標とする．$\mathrm{Re}(s) > 1$ をみたす複素数 s に対し，無限級数

$$L(s,\chi) = \sum_{n=1}^{\infty} \frac{\chi(n)}{n^s}$$

で定義される関数を χ に付随する**ディリクレの L 関数**という．

右辺の級数は，$\mathrm{Re}(s) > 1$ のとき絶対収束し，複素平面全体に有理型関数に解析接続される．さらに，$\chi \neq \mathbf{1}_n$（単位指標）ならば，$L(s,\chi)$ は複素平面全体で正則であり，$\chi = \mathbf{1}_n$ のとき $L(s,\chi)$ は $s=1$ で 1 位の極をもち，留数は $\varphi(n)/n$（φ はオイラー関数）である．また定義から $\chi = \mathbf{1}$（恒等指標）のとき，$L(s,\chi) = \zeta(s)$（リーマンのゼータ関数）である．ディリクレの L 関数は $\mathrm{Re}(s) > 1$ において次のような**オイラー積表示**とよばれる無限積表示をもつ．

定理 1.8 $\mathrm{Re}(s) > 1$ に対し，

$$L(s,\chi) = \prod_{p:\text{素数}} \frac{1}{1-\chi(p)p^{-s}}$$

が成り立つ．

右辺の無限積に現れる $(1-\chi(p)p^{-s})^{-1}$ を素数 p に関する**オイラー因子**とよぶ．ディリクレの L 関数の 0 以下の整数における値について以下のことが成り立つ．

定理 1.9 χ を原始的ディリクレ指標，n を正の整数とする．

(1) $\chi(-1) = (-1)^n$ ならば $L(1-n,\chi) \neq 0$ である．

(2) $\chi(-1) \neq (-1)^n$ かつ $(\chi,n) \neq (\mathbf{1},1)$ ならば $L(1-n,\chi) = 0$ である（$(\chi,n) = (\mathbf{1},1)$ のときは $L(0,\mathbf{1}) = \zeta(0) = -1/2$）．

p 進 L 関数は久保田富雄とハインリッヒ–ヴォルフガング・レオポルドによって最初に構成され，1964 年論文 “Eine p-adische Theorie der Zetawerte,Teil I: Einführung der p-adischen Dirichletschen L-Funktionen”（ゼータ値の p 進理論，p 進ディリクレの L 関数の導入）において発表された．この論文で触れられているように，p 進 L 関数を構成するにあたり，次の 2 点に注意する必要があった．

(1)　p に関するオイラー因子を除く．

(2)　ある原始的ディリクレ指標 $\chi_0, \chi_1, \cdots, \chi_{p-2}$ に対応する p 進 L 関数 $L_p(s, \chi_i)$ が存在し，合同式

$$n \equiv i \pmod{p-1}$$

をみたす正の整数 n に対し，

$$L_p(1-n, \chi_i) = -(1-p^{n-1})\frac{B_n}{n}$$

が成り立つ．

クンマーの合同式は，$-(1-p^{n-1})B_n/n$ という形の有理数が $p-1$ 個の p 進 L 関数の特殊値になっていることの現れである．久保田，レオポルドが 1964 年に p 進 L 関数を構成した論文を発表する前の 1958 年，レオポルドは後の p 進 L 関数の構成につながる重要な論文を発表する*5．レオポルドはこの論文でまずディリクレ指標 χ に付随する一般ベルヌーイ数 $B_{n,\chi}$ $(n = 0, 1, 2, \cdots)$ を定義し，ディリクレの L 関数の 0 以下の整数における値に一般ベルヌーイ数が現れることを示した．

定理 1.10　χ をディリクレ指標とする．任意の正の整数 n に対し，

$$L(1-n, \chi) = -\frac{B_{n,\chi}}{n}$$

が成り立つ．

1.5 節で定義する一般ベルヌーイ数 $B_{n,\chi}$ は $\mathbb{Q}$ 上 χ の像 $\mathrm{Im}\chi$ で生成される体 $\mathbb{Q}(\mathrm{Im}\chi)$ の元であり，$\chi = \mathbf{1}$ のときは，任意の n に対し，$B_{n,\mathbf{1}} = B_n$ が成り立つ．

---

*5　[Le1] 参照．

よって，定理 1.3 は定理 1.10 の $\chi=\mathbf{1}$ の場合であることが分かる．また定理 1.9，定理 1.10 より，次が得られる．

定理 1.11 χ を原始的ディリクレ指標，n を正の整数とする．

(1) $\chi(-1)=(-1)^n$ ならば $B_{n,\chi}\neq 0$ である．

(2) $\chi(-1)\neq(-1)^n$ かつ $(\chi,n)\neq(\mathbf{1},1)$ ならば $B_{n,\chi}=0$ である．

レオポルドは 1958 年に出版した論文で一般ベルヌーイ数に対するヴィットの公式とクラウゼン，フォンシュタウトの定理（2.8 節，定理 2.27，定理 2.26）を与えている．さらにこの頃，一般ベルヌーイ数に対するクンマー型の合同式もカーリッツを初め，複数の研究者によって研究された．一般ベルヌーイ数に対するクンマー型の合同式（定理 5.3）の証明は定理 1.5 と一緒に 5.2 節で与える．

以上のように当時の研究に現れたゼータ関数，L 関数の特殊値に現れるベルヌーイ数，一般ベルヌーイ数の p 進的性質をもとに，久保田–レオポルドは p 進 L 関数を構成した．本書では，第 3 章で久保田–レオポルドによる構成方法を紹介し，第 4 章で p 進積分を用いた構成方法を紹介する．p 進 L 関数の構成方法はこれら以外にも多く知られており，特に岩澤健吉によるスティッケルベルガー元を用いる方法[*6]（p 進積分を用いた方法と本質的には同じ）とコールマンによる円単数を用いる方法[*7]は重要である．久保田–レオポルドによる p 進 L 関数の定義は，一般ベルヌーイ数のヴィットの公式から導かれる非常に自然な定義である．

1.3 形式的べき級数環

この節では本書で用いる形式的べき級数環の性質について述べる．R を整域，t を変数とし，R 係数の形式的べき級数全体の集合を

$$R[[t]]=\left\{\sum_{n=0}^{\infty}a_nt^n \;\middle|\; a_n\in R\ (n\geqq 0)\right\}$$

とおく．$R[[t]]$ の元 $\sum\limits_{n=0}^{\infty}a_nt^n$，$\sum\limits_{n=0}^{\infty}b_nt^n$ に対し，和と積を

---

*6 [Iw1]，[Iw2]，[Wa] 参照．

*7 [Col] 参照．

$$\sum_{n=0}^{\infty} a_n t^n + \sum_{n=0}^{\infty} b_n t^n = \sum_{n=0}^{\infty} (a_n + b_n) t^n$$

$$\left(\sum_{n=0}^{\infty} a_n t^n\right)\left(\sum_{n=0}^{\infty} b_n t^n\right) = \sum_{n=0}^{\infty} c_n t^n, \qquad c_n = \sum_{k=0}^{n} a_k b_{n-k}$$

と定義すると，この和と積で $R[[t]]$ は単位元 1，零元 0 の環である．また，R が整域であることから，$R[[t]]$ も整域であることが分かる．$R[[t]]$ を R 上の形式的べき級数環という．

補題 1.12　$f(t) \in R[[t]]$ が可逆，すなわち $f(t) \in R[[t]]^{\times}$ であるための必要十分条件は，$f(0) \in R^{\times}$ である．

証明　$f(t) \in R[[t]]^{\times}$ とすると，$f(t)g(t) = 1$ をみたす $g(t) \in R[[t]]$ が存在する．$t = 0$ を代入すると，$f(0)g(0) = 1$，$g(0) \in R$ が得られ，$f(0) \in R^{\times}$ である．

次に，$f(0) \in R^{\times}$ と仮定する．$f(t) = \sum_{n=0}^{\infty} a_n t^n$ $(a_n \in R)$ とおく．このとき，$a_0 = f(0) \in R^{\times}$ である．$n \geqq 0$ に対し，$b_n \in R$ を次で定義する．

$$b_0 = a_0^{-1}$$

$$b_n = -a_0^{-1} \sum_{i=1}^{n} a_i b_{n-i} \quad (n \geqq 1)$$

$g(t) = \sum_{n=0}^{\infty} b_n t^n$ $(\in R[[t]])$ とおくと，$f(t)g(t) = 1$ をみたすので，$f(t) \in R[[t]]^{\times}$ を得る．□

べき級数 $f(t)$ にべき級数 $g(t)$ を代入したもの $f(g(t))$ は係数が R の元の無限和になることがあるので，$R[[t]]$ の元になるとは限らない．しかし，べき級数 $g(t)$ の定数項が 0 であれば，$f(g(t))$ の各係数は有限和である．

補題 1.13　$f(t), g(t) \in R[[t]]$ に対し，$g(0) = 0$ ならば，$f(g(t)) \in R[[t]]$ である．

証明　$f(t) = \sum_{n=0}^{\infty} a_n t^n$ とおく．$g(0) = 0$ より，$\deg(g(t)^n) \geqq n$ であるから，任意の非負整数 n に対し，$f(g(t)) = \sum_{n=0}^{\infty} a_n (g(t))^n$ の t^n の係数は有限和であるので，$f(g(t)) \in R[[t]]$ である．□

形式的べき級数環 $R[[t]]$ の元 $f(t)=\sum_{n=0}^{\infty} a_n t^n$ に対し，$R[[t]]$ の元 $f'(t)$ を

$$\begin{aligned} f'(t) &= \sum_{n=0}^{\infty}(n+1)a_{n+1}t^n \\ &= a_1+2a_2t+3a_3t^2+\cdots \end{aligned}$$

と定義し，$f'(t)$ を $f(t)$ の**形式的微分**という．また $f^{(0)}(t)=f(t)$，非負整数 k に対し，$f^{(k+1)}(t)=(f^{(k)}(t))'$ とおき，$f^{(k)}$ を k 次形式的微分という．形式的微分は以下の性質をみたす．

形式的微分の性質

$f(t), g(t) \in R[[t]]$, $c \in R$ とする．

(1) $(cf(t))' = cf'(t)$

(2) $(f(t)+g(t))' = f'(t)+g'(t)$

(3) $(f(t)g(f))' = f'(t)g(t)+f(t)g'(t)$

(4) $g(0)=0$ ならば，$f(g(t))' = f'(g(t))g'(t)$

1.4　ベルヌーイ数

この節では，形式的べき級数を用いて，ベルヌーイ数を定義する．以下の定義 1.14 で定義されるベルヌーイ数は，1.1 節の漸化式で定義されたベルヌーイ数と等しくなる[*8]．有理数体 $\mathbb{Q}$ 上の形式的べき級数環 $\mathbb{Q}[[t]]$ の元 e^t を，

$$e^t=\sum_{n=0}^{\infty}\frac{t^n}{n!}=1+\frac{t}{1!}+\frac{t^2}{2!}+\frac{t^3}{3!}+\cdots$$

と定める．

$$\frac{e^t-1}{t}=1+\frac{t}{2!}+\frac{t^2}{3!}+\cdots$$

より，補題 1.12 から，$(e^t-1)/t \in \mathbb{Q}[[t]]^{\times}$ である．よって，

---

*8　[AIK]，第 1 章参照．

$$\frac{t}{e^t-1}=\left(\frac{e^t-1}{t}\right)^{-1}\in\mathbb{Q}[[t]]$$

が成り立つ．形式的べき級数 $te^t/(e^t-1)$ の t^n の係数に $n!$ を掛けた有理数は 1.1 節の漸化式で定義したベルヌーイ数と等しい*9.

定義 1.14　次の等式で定まる有理数の数列 B_n $(n \geqq 0)$ をベルヌーイ数という．

$$\frac{te^t}{e^t-1}=\sum_{n=0}^{\infty}B_n\frac{t^n}{n!}$$

ベルヌーイ数は具体的に次のように求めることができる．

$$f(t)=(1+t)^{-1}=1-t+t^2-t^3+\cdots,$$
$$g(t)=\frac{t}{2!}+\frac{t^2}{3!}+\frac{t^3}{4!}+\cdots$$

に対し，補題 1.13 より，$f(g(t))\in\mathbb{Q}[[t]]$ である．よって，

$$\begin{aligned}\frac{te^t}{e^t-1}&=f(g(t))e^t\\&=(1-g(t)+g(t)^2-g(t)^3+\cdots)\left(1+\frac{t}{1!}+\frac{t^2}{2!}+\frac{t^3}{3!}+\cdots\right)\\&=1+\frac{1}{2}t+\frac{1}{12}t^2-\frac{1}{720}t^4+\cdots\end{aligned}$$

よって，

$$\begin{aligned}B_0&=1\times 0!=1\\B_1&=\frac{1}{2}\times 1!=\frac{1}{2}\\B_2&=\frac{1}{12}\times 2!=\frac{1}{6}\\B_3&=0\times 3!=0\\B_4&=-\frac{1}{720}\times 4!=-\frac{1}{30}\end{aligned}$$

---

*9　漸化式 $\sum_{k=0}^{n}\binom{n+1}{k}B_k=0$ で定義されたベルヌーイ数は，$\frac{t}{e^t-1}=\sum_{n=0}^{\infty}B_n\frac{t^n}{n!}$ で定まる数列と等しい．

を得る．定義 1.14 の左辺の関数をベルヌーイ数の母関数という．母関数を変形することにより，3 以上の奇数 n に対して，$B_n = 0$ が分かる．

補題 1.15　3 以上の奇数 n に対し，$B_n = 0$ である．

証明　$f(t) = \sum_{n=2}^{\infty} B_n \frac{t^n}{n!}$ とおく．ベルヌーイ数の定義から，

$$f(t) = \frac{te^t}{e^t - 1} - B_0 - B_1 t$$
$$= \frac{te^t}{e^t - 1} - 1 - \frac{1}{2}t$$

である．計算により，$f(-t) = f(t)$ が成り立つことが確かめられるので，3 以上の奇数 n に対し，$f(t)$ の t^n の係数は 0 である．□

1.5　一般ベルヌーイ数

この節では，法 m に関するディリクレ指標 χ に対し，$\mathbb{Q}(\mathrm{Im}\chi)$ 上のあるべき級数を考えることにより，χ に付随する一般ベルヌーイ数を定義する．1.4 節と同様の議論により，

$$\frac{t}{e^{mt} - 1} = \left(\frac{e^{mt} - 1}{t}\right)^{-1} \in \mathbb{Q}[[t]].$$

であるから，任意の整数 a に対し，$\frac{\chi(a)te^{at}}{e^{mt} - 1}$ は $\mathbb{Q}(\mathrm{Im}\chi)[[t]]$ の元である．

定義 1.16　χ を法 m に関するディリクレ指標とする．次の等式で定まる $\mathbb{Q}(\mathrm{Im}\chi)$ の列 $B_{n,\chi}$ $(n \geqq 0)$ を一般ベルヌーイ数という．

$$\sum_{a=1}^{m} \frac{\chi(a)te^{at}}{e^{mt} - 1} = \sum_{n=0}^{\infty} B_{n,\chi} \frac{t^n}{n!}$$

定義 1.16 の左辺の関数を χ に付随する一般ベルヌーイ数の母関数という．定義より，すべての非負整数 n に対し，$B_{n,\mathbf{1}} = B_n$ である．

1.6　ベルヌーイ多項式

この節では，ベルヌーイ多項式を定義し，ベルヌーイ数，一般ベルヌーイ数との関係について述べる．t, x を変数とし，

$$e^{xt} = \sum_{n=0}^{\infty} \frac{(xt)^n}{n!} = 1 + \frac{xt}{1!} + \frac{(xt)^2}{2!} + \frac{(xt)^3}{3!} + \cdots$$

を多項式環 $R = \mathbb{Q}[x]$ 上の形式的べき級数 $R[[t]]$ の元とみなす．

定義 1.17　次の等式で定まる $\mathbb{Q}[x]$ の列 $B_n(x)$ $(n \geqq 0)$ をベルヌーイ多項式という．

$$\frac{te^{xt}}{e^t - 1} = \sum_{n=0}^{\infty} B_n(x) \frac{t^n}{n!}$$

▶**注意**　ベルヌーイ多項式とベルヌーイ数の定義から，すべての非負整数 n に対し，$B_n(1) = B_n$ である．また，

$$\sum_{n=0}^{\infty} B_n(0) \frac{t^n}{n!} = \frac{t}{e^t - 1} = \frac{te^t}{e^t - 1} - t = \sum_{n=0}^{\infty} B_n \frac{t^n}{n!} - t$$

より，$B_1(0) = B_1 - 1 = -1/2$，であり，$n \neq 1$ のときは $B_n(0) = B_n$ である．

ベルヌーイ多項式の係数は二項係数とベルヌーイ数を用いて表すことができる．

補題 1.18　すべての非負整数 n に対し，

$$B_n(x) = \sum_{k=0}^{n} (-1)^k \binom{n}{k} B_k x^{n-k}$$

が成り立つ．

証明　定義 1.17 から，

$$\begin{aligned}
\sum_{n=0}^{\infty} B_n(x) \frac{t^n}{n!} &= \frac{te^{xt}}{e^t - 1} \\
&= \frac{t}{e^t - 1} \times e^{xt} \\
&= \frac{-te^{-t}}{e^{-t} - 1} \times e^{xt} \\
&= \sum_{n=0}^{\infty} B_n \frac{(-t)^n}{n!} \times \sum_{n=0}^{\infty} \frac{(xt)^n}{n!} \\
&= \sum_{n=0}^{\infty} \left(\sum_{k=0}^{n} (-1)^k \binom{n}{k} B_k x^{n-k} \right) \frac{t^n}{n!}
\end{aligned}$$

より，係数を比較して主張が従う．　□

補題 1.18 より，ベルヌーイ多項式はベルヌーイ数を用いて計算することができる．

［例］

$$B_0(x) = B_0 = 1$$

$$B_1(x) = \binom{1}{0} B_0 x - \binom{1}{1} B_1 = x - \frac{1}{2}$$

$$B_2(x) = \binom{2}{0} B_0 x^2 - \binom{2}{1} B_1 x + \binom{2}{2} B_2 = x^2 - x + \frac{1}{6}$$

またベルヌーイ多項式を用いると，次の一般ベルヌーイ数の具体的表示が得られる．

補題 1.19　χ を法 m に関する指標，N を m で割り切れる正の整数とする．任意の非負整数 n に対し，次が成り立つ．

$$B_{n,\chi} = N^{n-1} \sum_{a=1}^{N} \chi(a) B_n\left(\frac{a}{N}\right)$$

証明　$N = m\ell,\ \ell \in \mathbb{Z}$ とおく．

$$\sum_{b=0}^{\ell-1} e^{bmt} = \frac{e^{Nt} - 1}{e^{mt} - 1}$$

より，

$$\begin{aligned}
\sum_{n=0}^{\infty} B_{n,\chi} \frac{t^n}{n!} &= \sum_{a=1}^{m} \frac{\chi(a) t e^{at}}{e^{mt} - 1} \\
&= \sum_{a=1}^{m} \sum_{b=0}^{\ell-1} \frac{\chi(a) t e^{(bm+a)t}}{e^{Nt} - 1} \\
&= \sum_{c=1}^{N} \frac{\chi(c) t e^{ct}}{e^{Nt} - 1} \\
&= \sum_{c=1}^{N} \chi(c) \frac{1}{N} \sum_{n=0}^{\infty} B_n\left(\frac{c}{N}\right) \frac{(Nt)^n}{n!} \\
&= \sum_{n=0}^{\infty} N^{n-1} \sum_{c=1}^{N} \chi(c) B_n\left(\frac{c}{N}\right) \frac{t^n}{n!}.
\end{aligned}$$

両辺の t^n の係数を比べ，主張が従う．　□

1.7 クラウゼン, フォンシュタウトの定理とヴィットの公式の証明

この節では, 1.1 節で紹介した定理 1.4（クラウゼン, フォンシュタウトの定理）と定理 1.6（ヴィットの公式）の証明を与える.

補題 1.20　任意の非負整数 n に対し, $pB_n \in \mathbb{Z}_{(p)}$ であり, $n \geqq 2, N \geqq 1$ を満たす整数 n, N に対し,

$$p^N B_n \equiv \sum_{a=1}^{p^N} \left(a^n - \frac{n}{2} a^{n-1} p^N\right) \pmod{p^{2N-1}\mathbb{Z}_{(p)}}$$

が成り立つ.

証明　補題 1.18 から,

$$\begin{aligned} B_k(x) &= \sum_{\ell=0}^{k} (-1)^\ell \binom{k}{\ell} B_\ell x^{k-\ell} \\ &= B_0 x^k - \binom{k}{1} B_1 x^{k-1} + \binom{k}{2} B_2 x^{k-2} + \cdots + (-1)^k B_k \end{aligned}$$

より,

$$p^{kN} B_k\left(\frac{a}{p^N}\right) = a^k - \binom{k}{1} B_1 a^{k-1} p^N + \binom{k}{2} B_2 a^{k-2} p^{2N} + \cdots + (-1)^k B_k p^{kN}$$

を得る. よって, 補題 1.19 において, $\chi = \mathbf{1}$ として得られる式

$$B_k = (p^N)^{k-1} \sum_{a=1}^{p^N} B_k\left(\frac{a}{p^N}\right)$$

を用いると,

$$\begin{aligned} p^N B_k &= p^{kN} \sum_{a=1}^{p^N} B_k\left(\frac{a}{p^N}\right) \\ &= \sum_{a=1}^{p^N} \left(a^k - \binom{k}{1} B_1 a^{k-1} p^N + \binom{k}{2} B_2 a^{k-2} p^{2N} + \cdots + (-1)^k B_k p^{kN}\right) \end{aligned} \tag{1.1}$$

を得る. n に関する帰納法で $pB_n \in \mathbb{Z}_{(p)}$ かつ $N = 1$ のときに主張の合同式が成り立

つことを示す．$B_0=1, B_1=1/2, B_2=1/6$ より $n \leqq 2$ のとき，$pB_n \in \mathbb{Z}_{(p)}$ である．次に $k \geqq 3$ とし，$n \leqq k-1$ のとき，$pB_n \in \mathbb{Z}_{(p)}$ かつ $N=1$ のときに主張の合同式が成り立つとする．(1.1) において $N=1$ とすると，

$$pB_k \equiv \sum_{a=1}^{p} \left(a^k - \binom{k}{1} B_1 a^{k-1} p + (-1)^k B_k p^k \right) \pmod{p\mathbb{Z}_{(p)}}$$

を得る．これより，

$$(1-(-1)^k p^{k-1})pB_k \equiv \sum_{a=1}^{p} \left(a^k - \frac{k}{2} a^{k-1} p \right) \pmod{p\mathbb{Z}_{(p)}} \tag{1.2}$$

である．$1-(-1)^k p^{k-1} \in \mathbb{Z}_{(p)}^{\times}$ から，$pB_k \in \mathbb{Z}_{(p)}$ を得る．さらに (1.2) から，

$$pB_k \equiv \sum_{a=1}^{p} \left(a^k - \frac{k}{2} a^{k-1} p \right) \pmod{p\mathbb{Z}_{(p)}}$$

である．以上より，$pB_n \in \mathbb{Z}_{(p)}$ かつ $N=1$ のときに主張の合同式が成り立つことが示された．$N \geqq 2$ をみたす整数 N に対する主張の合同式は，(1.1) と $pB_n \in \mathbb{Z}_{(p)}$ から得られる． □

定理 1.4（クラウゼン, フォンシュタウトの定理）の証明　k を正の偶数とする．補題 1.20 より，

$$\begin{aligned} pB_k &\equiv \sum_{a=1}^{p} a^k \pmod{p\mathbb{Z}_{(p)}} \\ &\equiv \begin{cases} 0 & ((p-1) \nmid k \text{ のとき}), \\ -1 & ((p-1) \mid k \text{ のとき}) \end{cases} \end{aligned}$$

から主張を得る． □

定理 1.6（ヴィットの公式）の証明　$k=1,2$ のときは，$\mathbb{Q}_p$ において，

$$\frac{1}{p^N} \sum_{a=1}^{p^N} a = \frac{p^N+1}{2} \quad \longrightarrow \quad \frac{1}{2} = B_1 \quad (N \to \infty),$$

$$\frac{1}{p^N} \sum_{a=1}^{p^N} a^2 = \frac{(p^N+1)(2p^N+1)}{6} \quad \longrightarrow \quad \frac{1}{6} = B_2 \quad (N \to \infty)$$

より定理の主張が成り立つことが分かる．$k \geqq 3$ とする．補題 1.20 を $n=k-1$ に

対し用いると，$N \geqq 2$ のとき

$$\sum_{a=1}^{p^N} a^{k-1} \equiv 0 \pmod{p^{N-1}\mathbb{Z}_{(p)}}$$

を得る．得られた合同式と補題 1.20 を $n=k$ に対し用いると，

$$\left| B_k - \frac{1}{p^N} \sum_{a=1}^{p^N} a^k \right|_p \leqq p^{-(N-2)}$$

を得る．よって $\mathbb{Q}_p$ において

$$B_k = \lim_{N\to\infty} \frac{1}{p^N} \sum_{a=1}^{p^N} a^k$$

が成り立つ． □

第2章

p進数

この章では p 進ゼータ関数，p 進 L 関数を定義するために必要な p 進数について解説する．p 進数の世界は表の実世界と並行して存在する“異世界”であり，有理数はどちらの世界にも属する．初めに，それぞれの世界に属する有理数以外の数について考える．α を任意の非負実数とする．ガウス記号 $[\quad]$ を用いて α を整数部分 $[\alpha]$ と小数部分 $\alpha-[\alpha]$ $(0 \leqq \alpha-[\alpha]<1)$ の和に分解する．

$$\alpha=[\alpha]+(\alpha-[\alpha]) \tag{2.1}$$

p を任意の素数とし，整数部分 $[\alpha]$ を

$$\begin{aligned} &[\alpha]=a_0+a_1 p+a_2 p^2+\cdots+a_N p^N, \\ &a_n \in\{0,1,\cdots,p-1\} \quad (0 \leqq n \leqq N) \end{aligned} \tag{2.2}$$

と p 進法で表す．また，小数部分を

$$r_0=\alpha-[\alpha]$$

とおき，

$$\begin{gathered} a_{-1}=[p r_0], \quad r_{-1}=p r_0-[p r_0], \\ a_{-2}=[p r_{-1}], \quad r_{-2}=p r_{-1}-[p r_{-1}] \\ \vdots \end{gathered}$$

とおくと，すべての n $(\leqq -1)$ に対して

$$a_n \in\{0,1,\cdots,p-1\}$$

である．また，

$$\begin{aligned} \alpha-[\alpha] &= r_0 \\ &= a_{-1}p^{-1}+r_{-1}p^{-1} \\ &= a_{-1}p^{-1}+(a_{-2}p^{-1}+r_{-2}p^{-1})p^{-1} \end{aligned}$$

$$\begin{aligned} &= a_{-1}p^{-1} + a_{-2}p^{-2} + r_{-2}p^{-2} \\ &\ \ \vdots \\ &= a_{-1}p^{-1} + a_{-2}p^{-2} + a_{-3}p^{-3} + \cdots \end{aligned} \tag{2.3}$$

である．(2.1)，(2.2)，(2.3) より，α の p 進法表示が得られる．

$$\alpha = \cdots + a_{-2}p^{-2} + a_{-1}p^{-1} + a_0 + a_1 p + a_2 p^2 + \cdots + a_N p^N, \tag{2.4}$$
$$a_n \in \{0, 1, \cdots, p-1\} \quad (n \leqq N)$$

たとえば，100.1 と π の 3 進法表示は，

$$100.1 = \cdots + 2 \times 3^{-8} + 2 \times 3^{-7} + 2 \times 3^{-4} + 2 \times 3^{-3} + 1 + 2 \times 3^2 + 3^4$$
$$\pi = \cdots + 3^{-8} + 3^{-6} + 3^{-5} + 2 \times 3^{-4} + 3^{-2} + 3$$

である．有理数体の通常の絶対値は

$$|a|_\infty = \begin{cases} a & (a \geqq 0), \\ -a & (a < 0), \end{cases} \quad (a \in \mathbb{Q})$$

で定義され，この絶対値では数列 $p, p^2, p^3, \cdots$ は発散し，数列 $p^{-1}, p^{-2}, p^{-3}, \cdots$ は 0 に収束する．(2.4) で与えられる数はこの絶対値で収束し，ある非負実数と一致する．一方，有理数体には $|\ \ |_\infty$ の他に素数 p ごとに定まる p 進絶対値 $|\ \ |_p$ が定義される．p 進絶対値は p で割れるほど小さいという特徴を持ち，この絶対値では，数列 $p, p^2, p^3, \cdots$ は 0 に収束し，数列 $p^{-1}, p^{-2}, p^{-3}, \cdots$ は発散する．p 進体 $\mathbb{Q}_p$ は p 進絶対値で収束する有理数列を含む世界であり，すべての $\mathbb{Q}_p$ の数は，

$$\alpha = a_{-M}p^{-M} + \cdots + a_{-1}p^{-1} + a_0 + a_1 p + a_2 p^2 + a_3 p^3 + \cdots \tag{2.5}$$
$$a_n \in \{0, 1, \cdots, p-1\} \quad (n \geqq -M)$$

の形に表される．

無限級数 $\cdots + \dfrac{1}{p^3} + \dfrac{1}{p^2} + \dfrac{1}{p} + 1$ は距離空間 $(\mathbb{R}, |\ \ |_\infty)$ では収束し，距離空間 $(\mathbb{Q}_p, |\ \ |_p)$ では発散する．一方，無限級数 $1 + p + p^2 + p^3 + \cdots$ は $(\mathbb{Q}_p, |\ \ |_p)$ では収束し，$(\mathbb{R}, |\ \ |_\infty)$ では発散する．

$$
\begin{array}{llrlll}
| \ |_\infty & & & & & | \ |_p \\
\mathbb{R} \not\ni & \cdots + \dfrac{1}{p^3} + \dfrac{1}{p^2} + \dfrac{1}{p} + 1 & & +p + p^2 + p^3 + \cdots & \notin & \mathbb{Q}_p \\
\mathbb{R} \ni & \cdots + \dfrac{1}{p^3} + \dfrac{1}{p^2} + \dfrac{1}{p} + 1 & & & \notin & \mathbb{Q}_p \\
\mathbb{R} \not\ni & & 1 & +p + p^2 + p^3 + \cdots & \in & \mathbb{Q}_p
\end{array}
$$

p 進体は，以下に述べるような素元分解の一意性（整数の素因数分解の一意性の類似）が成り立たない世界の情報を補うために考えられた．

任意の $0, \pm 1$ 以外の整数は「$\pm$ 素数の積」の形に一意的に表すことができる．

$$
3288684 = 2^2 \times 3 \times 7^3 \times 17 \times 47
$$
$$
-176880 = -2^4 \times 3 \times 5 \times 11 \times 67
$$

初等整数論の基本定理

整数 a $(\notin \{0, \pm 1\})$ は

$$
a = (\pm p_1) \cdots (\pm p_r), \quad (p_1, \cdots, p_r \text{ は素数})
$$

の形に表すことができ，この表し方は次の意味で一意的である．

$$
a = (\pm p_1) \cdots (\pm p_r) = (\pm q_1) \cdots (\pm q_s)
$$

$(p_1, \cdots, p_r, q_1, \cdots, q_s$ は素数）ならば，$r = s$ かつ適当に順番を入れ替えれば，すべての i に対し，$\pm p_i = \pm q_i$ が成り立つ．

一般に整域 R に対し乗法に関する可逆元全体がなす乗法群を $R^\times$ と表し，R の単数群という．つまり，

$$
R^\times = \{a \in R \mid \text{ある } b \in R \text{ に対し，} ab = 1 \text{ をみたす}\}
$$

である．たとえば $R = \mathbb{Z}$ のとき $\mathbb{Z}^\times = \{\pm 1\}$ である．整域 R の元 α $(\notin \{0\} \cup R^\times)$ が以下の性質をみたすとき，α を素元という．

$a, b \in R$ が $ab \in \alpha R$ をみたせば，$a \in \alpha R$ または $b \in \alpha R$ である．

$R=\mathbb{Z}$ の素元は $\pm p$（p は素数）の形をしていることが分かる．α が素元ならば，任意の $u\in R^{\times}$ に対し，$u\alpha$ も素元である．R の素元 α,β に対し，$\alpha=u\beta$ をみたす $u\in R^{\times}$ が存在するとき，α と β は同伴であるという．初等整数論の基本定理は，$0,\mathbb{Z}^{\times}=\{\pm 1\}$ 以外のすべての整数は $\mathbb{Z}$ の素元の積に単数 $\mathbb{Z}^{\times}=\{\pm 1\}$ 倍を除き一意的に表せることを主張している．この性質と同様の性質をもつ整域を素元分解整域という．

定義 2.1　整域 R が次の条件をみたすとき，R を素元分解整域という．すべての α ($\notin\{0\}\cup R^{\times}$) は

$$\alpha=\alpha_1\cdots\alpha_r,\quad (\alpha_1,\cdots,\alpha_r \text{ は素元})$$

の形に表すことができ，この表し方は次の意味で一意的である．

$$\alpha=\alpha_1\cdots\alpha_r=\beta_1\cdots\beta_s$$

($\alpha_1,\cdots,\alpha_r,\beta_1,\cdots,\beta_s$ は素元）ならば，$r=s$ かつ適当に順番を入れ替えれば，すべての i に対し，α_i と β_i は同伴である．

[例] ガウスの整数環 $\mathbb{Z}[i]=\{a+bi\mid a,b\in\mathbb{Z}\}$ の単数群は $\mathbb{Z}[i]^{\times}=\{\pm 1,\pm i\}$ である．整数 3288684 の $\mathbb{Z}$ の素元による分解は，

$$3288684=2^2\times 3\times 7^3\times 17\times 47$$

であり $\mathbb{Z}[i]$ の素元による分解は，

$$3288684=(1+i)^2\times(1-i)^2\times 3\times 7^3\times(1+4i)\times(1-4i)\times 47$$

である．

複素数 α がある（零多項式でない）有理数係数多項式の根であるとき，α を代数的数という．また，α がある（零多項式でない）最高次の係数が 1 の整数係数多項式の根であるとき，α を代数的整数という．$i\ (=\sqrt{-1})$，$\sqrt[3]{2}$，$1/\sqrt{3}$ は代数的数であり，i，$\sqrt[3]{2}$ は代数的整数でもある．

代数的数全体の集合がなす体

$$\overline{\mathbb{Q}}=\{\alpha\in\mathbb{C}\mid \alpha \text{ は代数的数}\}$$

は有理数体 $\mathbb{Q}$ の代数的閉包であり，代数的整数全体の集合

$$\overline{\mathbb{Z}} = \{\alpha \in \mathbb{C} \mid \alpha \text{ は代数的整数}\}$$

は $\overline{\mathbb{Q}}$ の部分環である．$\overline{\mathbb{Q}}$ の部分体 F で $\mathbb{Q}$ 上有限次拡大体であるものを代数体といい，F の部分環

$$O_F = F \cap \overline{\mathbb{Z}}$$

を F の整数環という．たとえば，$O_{\mathbb{Q}} = \mathbb{Z}$，$O_{\mathbb{Q}(i)} = \mathbb{Z}[i]$，$O_{\mathbb{Q}(\sqrt{-5}\,)} = \mathbb{Z}[\sqrt{-5}\,]$ である．代数体 F の整数環 O_F は有理数体 $\mathbb{Q}$ と整数環 $\mathbb{Z}$ の関係の類似である．

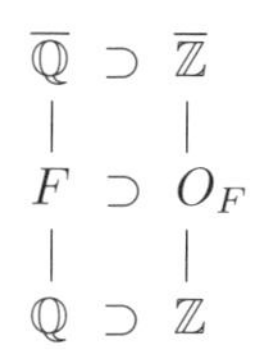

代数体 $F = \mathbb{Q}(i)$ のように，整数環 $\mathbb{Z}[i]$ が素元分解整域である代数体がある一方，$F = \mathbb{Q}(\sqrt{-5}\,)$ のように，整数環 $\mathbb{Z}[\sqrt{-5}\,]$ が素元分解整域ではない環もある．このような整数環をもつ代数体を扱うために，代数的整数論では，デデキントによるイデアル論とヘンゼルによる付値論が併行して研究された．デデキントによるイデアル論は後に代数的整数論の主軸である類体論へと発展する．一方，ヘンゼルによる付値論はその後，弟子のハッセによって研究が進められ，整数論で重要な考え方である「局所–大域の原理」の発見へとつながる．この原理から，たとえば，ほとんどの有理数係数不定方程式が，実数とすべての素数に関する p 進数の解（局所解）を持てば，有理数解（大域解）を持つことがわかる．その後，ハッセは類体論から局所類体論を導いた．さらにシュヴァレーがイデールを導入したことにより，この局所類体論は類体論を経由しない証明が可能になり，局所類体論をすべての素点に関し繋ぎ合わせることにより，類体論を構築する方法が確立された．

以下では，ヘンゼルによる付値論から解説し，この章の始めに解説した p 進体を素数 p ごとに定まる p 進距離に関する有理数体の完備化として定義する．

2.1　有理数体の絶対値と距離

有理数 $\mathbb{Q}$ の通常の絶対値を $|\ \ |_\infty$ と表すと，

$$|0|_\infty = 0, \quad |1|_\infty = 1, \quad \left| -\frac{1}{2} \right|_\infty = \frac{1}{2}$$

であり，この絶対値は有理数の“大きさ”を表している．また以下の性質が成り立つ．

絶対値 $|\ \ |_\infty$ の性質

(1) $|a|_\infty \geqq 0$ であり，$|a|_\infty = 0$ となるための必要十分条件は $a = 0$ である．

(2) $|ab|_\infty = |a|_\infty |b|_\infty$

(3) $|a+b|_\infty \leqq |a|_\infty + |b|_\infty$

一方，有理数全体の集合 $\mathbb{Q}$ は体であり，積が定義されている．上記の性質 (2) は絶対値をとる操作が積と交換できることを表している．後で見るように，$\mathbb{Q}$ には $|\ \ |_\infty$ の他にこのような性質をみたす絶対値が素数ごとに存在する．絶対値を用いると，有理数 a, b の間に距離 d_∞ を

$$d_\infty(a, b) = |a - b|_\infty \tag{2.6}$$

と定義することができる．たとえば，

$$d_\infty\left(\frac{1}{2},\ 2\right) = \left| -\frac{3}{2} \right|_\infty = \frac{3}{2}$$

である．距離が定義されると，数列の収束などを考えることができる．絶対値 $|\ \ |_\infty$ から作られる距離 d_∞ は，もっとも自然な距離である．一般的に $|\ \ |_\infty$ がみたすような有理数の“大きさ”を表す絶対値を考える．

定義 2.2　次の性質をみたす写像 $|\ \ | : \mathbb{Q} \longrightarrow \mathbb{R}$ を絶対値という．

(1) $|a| \geqq 0$ であり，$|a| = 0$ となるための必要十分条件は $a = 0$ である．

(2) $|ab| = |a||b|$

(3) $|a+b| \leqq |a| + |b|$

(4) $|a| \neq 1$ をみたす $a \in \mathbb{Q}^\times$ が存在する．

上記の条件 (4) は，0 以外のすべての $a \in \mathbb{Q}$ に対し，$|a| = 1$ という自明な絶対値を除くため置かれている．絶対値の中で，(3) よりも強い以下の条件 $(3)'$ をみたす絶対値を非アルキメデス的といい，$(3)'$ をみたさない絶対値をアルキメデス的という．

$(3)'$ $|a+b| \leqq \max(|a|, |b|)$

▶**注意** 定義から，絶対値 $|\ \ |$ に対し，$|1| = |-1| = 1$ かつ，0 でない有理数 a に対し，$|a^{-1}| = |a|^{-1}$ である．さらに，2 つの絶対値 $|\ \ |, |\ \ |'$ はすべての正の整数に対して値が等しければ，$|\ \ | = |\ \ |'$ である．

$a = b \neq 0$ をみたす有理数 a, b を考えることにより，$|\ \ |_\infty$ はアルキメデス的であることが分かる．非アルキメデス的絶対値には素数 p ごとに定まる p 進絶対値がある．p 進絶対値を用いると，

$$|10|_2 = \frac{1}{2}, \quad |10|_3 = 1, \quad |10|_5 = \frac{1}{5},$$

$$|12|_2 = \frac{1}{4}, \quad |12|_3 = \frac{1}{3}, \quad |12|_5 = 1$$

となり，2 進，3 進絶対値では，10 より 12 の方が小さくなる．p 進絶対値を定義するために，p 進付値を定義する．

定義 2.3 p を素数とする．0 でない有理数 a を

$$a = p^n \frac{c}{b} \quad (n, b, c \in \mathbb{Z},\ p \nmid b,\ p \nmid c)$$

と表したとき，$v_p(a) = n$ と定義する．また $a = 0$ のときは，$v_p(0) = \infty$ と定義する．この v_p を p **進付値**という．

p 進付値は，与えられた有理数が p で何回割れるかを表し，以下の性質をみたすことが容易に確かめられる．

p 進付値の性質

(1) $v_p(a) = \infty$ となるための必要十分条件は，$a = 0$ である．

(2) $v_p(ab) = v_p(a) + v_p(b)$.

(3) $v_p(a+b) \geqq \min(v_p(a), v_p(b))$. さらに，$v_p(a) \neq v_p(b)$ ならば等号が成り立つ.

(4) $v_p(a) \neq 0, \infty$ をみたす有理数 a が存在する.

次に p 進付値を用いて，p 進絶対値を定義する.

定義 2.4　p を素数とする. 写像

$$|\ \ |_p : \mathbb{Q} \longrightarrow \mathbb{R}, \quad |a|_p = p^{-v_p(a)}$$

を p 進絶対値という.

定義から，有理数 a の p 進絶対値は a が p で多く割れるほど小さくなる. また，上記 p 進付値の性質から $|\ \ |_p$ は定義 2.2 と $(3)'$ をみたすことが分かるので，p 進絶対値は非アルキメデス的である. $|\ \ |_\infty$ と $|\ \ |_p$ 以外にも $\mathbb{Q}$ の絶対値は存在するが，本質的にはこの 2 種類しかないことが分かる. そのことを確認するために絶対値全体に同値関係を定義する.

定義 2.5　$\mathbb{Q}$ の絶対値 $|\ \ |, |\ \ |'$ がある正の実数 c に対し，$|\ \ |^c = |\ \ |'$ をみたすとき，二つの絶対値は同値であるといい，$|\ \ | \sim |\ \ |'$ と表す.

この関係 $\sim$ は集合 $\{|\ \ | \mid \mathbb{Q}$ の絶対値$\}$ において同値関係である.

▶**注意**　$\mathbb{Q}$ の絶対値 $|\ \ |, |\ \ |'$ に対し，次の 2 条件は同値である.

(1) $|\ \ | \sim |\ \ |'$.

(2) 有理数 a に対し，$|a| < 1$, $|a|' < 1$ のうち一方が成り立てば，もう一方も成り立つ.

有理数体の絶対値に対し，以下の主張が成り立つことが知られている. 次の定理 2.6 の証明は 2.2 節で与える.

定理 2.6 （オストロフスキーの定理）

(1) 任意の $\mathbb{Q}$ のアルキメデス的絶対値は，$|\ \ |_\infty$ と同値.

(2) 任意の $\mathbb{Q}$ の非アルキメデス的絶対値は，ある素数 p に対する $|\ \ |_p$ と同値.

通常の距離 (2.6) と同様に，絶対値 $|\ \ |$ を用いて，有理数に距離を定義する.

定義 2.7　絶対値 $|\ \ |$ に対し，有理数 a, b の距離を $d(a,b) = |a-b|$ と定義する.

$(\mathbb{Q}, d)$ は距離空間となる．すなわち，d は以下の性質をみたすことが，定義 2.2 から分かる.

d の性質

(1) $d(a,b) \geqq 0$. さらに，$d(a,b) = 0$ となるための必要十分条件は $a = b$ である.

(2) $d(a,b) = d(b,a)$.

(3) $d(a,b) \leqq d(a,c) + d(c,b)$.

2 つの絶対値 $|\ \ |$, $|\ \ |'$ が $|\ \ | \sim |\ \ |'$ ならば，これらが定める距離空間 $(\mathbb{Q}, d)$, $(\mathbb{Q}, d')$ は開集合系が等しいので，同じ位相を定める.

2.2　アルキメデス的絶対値，非アルキメデス的絶対値の性質

以下の 2 つの補題から分かるように，アルキメデス的絶対値と非アルキメデス的絶対値は異なる性質をもつ．とくに，以下で述べる補題 2.8，2.9 と定義 2.2 (4)，および定義 2.2 と定義 2.5 の後の 2 つの注意より，アルキメデス的絶対値と非アルキメデス的絶対値は同値にならないことが分かる．まず，$\mathbb{Q}$ の絶対値 $|\ \ |$ が非アルキメデス的であるための必要十分条件を与える.

補題 2.8　$\mathbb{Q}$ の絶対値 $|\ \ |$ に対し，次の (1), (2), (3) は同値.

(1) $|\ \ |$ は非アルキメデス的絶対値.

(2) 任意の正の整数 n に対し，$|n| \leqq 1$.

(3) $\{\, |n| \mid n \in \mathbb{N}\}$ は有界.

証明　(1) $\Rightarrow$ (2), (2) $\Rightarrow$ (3) は明らか. (3) $\Rightarrow$ (1) を示す．仮定より，正の実数 R が存在し，任意の正の整数 n に対し，$|n| \leqq R$ をみたす．任意の有理数 a, b と正の整数 m に対し，定義 2.2 より，

$$
\begin{aligned}
|a+b|^m &= |(a+b)^m| \\
&= \left| \sum_{k=0}^{m} \binom{m}{k} a^{m-k} b^k \right| \\
&\leqq \sum_{k=0}^{m} \left| \binom{m}{k} a^{m-k} b^k \right| \\
&\leqq R \sum_{k=0}^{m} |a|^{m-k} |b|^k \\
&\leqq R(m+1) \max(|a|, |b|)^m.
\end{aligned}
$$

よって，

$$|a+b| \leqq R^{1/m}(m+1)^{1/m} \max(|a|, |b|)$$

が成り立ち，極限 $m \to \infty$ を考えることにより，

$$|a+b| \leqq \max(|a|, |b|).$$

□

次に $\mathbb{Q}$ の絶対値 $|\ \ |$ がアルキメデス的であるための必要十分条件を与える.

補題 2.9　$\mathbb{Q}$ の絶対値 $|\ \ |$ に対し，次の (1), (2) は同値.

(1) $|\ \ |$ はアルキメデス的絶対値.

(2) 任意の正の整数 n に対し，$|n| \geqq 1$.

証明　(2) ⇒ (1) は定義 2.2 (4) から $|n| \neq 1$ をみたす正の整数 n が存在することと，補題 2.8 から分かる．(1) ⇒ (2) を示す．ある正の整数 n に対し，$|n| \lneqq 1$ と仮定する．任意の正の整数 m をとり，

$$m = a_0 + a_1 n + a_2 n^2 + \cdots + a_r n^r \quad (a_0, \cdots, a_r \in \{0, 1, \cdots, n-1\})$$

と n 進法で表すと，

$$\begin{aligned} |m| &= |a_0 + a_1 n + a_2 n^2 + \cdots + a_r n^r| \\ &\leqq |a_0| + |a_1 n| + \cdots + |a_r n^r| \\ &< n(|1| + |n| + \cdots |n|^r) \\ &= \frac{n(1 - |n|^{r+1})}{1 - |n|} \end{aligned}$$

であり，$|n| \lneqq 1$ から，

$$|m| < \frac{n}{1 - |n|}$$

となり，$\{\ |m| \mid m \in \mathbb{N}\}$ は有界であるので，補題 2.8 から $|\ \ |$ は非アルキメデス的．

□

非アルキメデス的絶対値 $|\ \ |$ に対し，集合 $O, \mathfrak{m}$ を

$$\begin{gathered} O = \{a \in \mathbb{Q} \mid |a| \leqq 1\} \\ \cup \\ \mathfrak{m} = \{a \in \mathbb{Q} \mid |a| \lneqq 1\} \end{gathered}$$

と定める．補題 2.8 から O は整数 $\mathbb{Z}$ を含むことが分かる．さらに，O は $\mathfrak{m}$ を極大イデアルとする局所環（極大イデアルが唯一つである環）であり，積に関する可逆元全体 $O^\times$ は

$$O^\times = \{a \in \mathbb{Q} \mid |a| = 1\}$$

で与えられる．$O, \mathfrak{m}$ をそれぞれ $|\ \ |$ の付値環，付値イデアルという．たとえば，p 進絶対値 $|\ \ |_p$ の付値環，付値イデアルは，

$$\begin{aligned} O &= \mathbb{Z}_{(p)} = \{ab^{-1} \mid a \in \mathbb{Z},\ b \in \mathbb{Z} \setminus p\mathbb{Z}\}, \\ \mathfrak{m} &= p\mathbb{Z}_{(p)} := \{ab^{-1} \mid a \in p\mathbb{Z},\ b \in \mathbb{Z} \setminus p\mathbb{Z}\} \end{aligned}$$

である．

補題 2.10　非アルキメデス的絶対値 $|\ |, |\ |'$ が同値になるための必要十分条件は，それぞれの付値環が一致することである．

証明　$|\ |, |\ |'$ の付値環をそれぞれ $\mathcal{O}, \mathcal{O}'$ とおく．$|\ |, |\ |'$ が同値であれば，ある正の実数 c に対し，$|\ |^c = |\ |'$ と表せることから，$\mathcal{O} = \mathcal{O}'$ が分かる．逆に，$\mathcal{O} = \mathcal{O}'$ と仮定する．$|\ |, |\ |'$ の付値イデアルをそれぞれ $\mathfrak{m}, \mathfrak{m}'$ とおくと，$\mathcal{O} = \mathcal{O}'$ より，$\mathfrak{m} = \mathfrak{m}'$ である．よって，付値イデアルの定義から定義 2.5 の後の注意（2）が成り立つので，$|\ |, |\ |'$ は同値である．　□

定理 2.6（オストロフスキーの定理）の証明　(1) $|\ |$ を $\mathbb{Q}$ のアルキメデス的絶対値とする．任意の正の整数 m, n, k $(m, n \geqq 2)$ に対し，m^k を以下のように n 進法で表す．

$$m^k = a_0 + a_1 n + a_2 n^2 + \cdots + a_r n^r \quad (a_0, \cdots, a_r \in \{0, 1, \cdots, n-1\}, a_r \neq 0)$$

$m^k \geqq n^r$ より，$r \leqq (k \log m)/\log n$ である，また補題 2.9 から，$|n| \geqq 1$ が成り立つ．さらに，$|a_i| \leqq |1 + \cdots + 1| < n$ であるから，

$$\begin{aligned} |m|^k &= |m^k| \\ &\leqq \sum_{i=0}^{r} |a_i||n|^i \\ &\leqq n(r+1)|n|^r \\ &\leqq n\left(\frac{k \log m}{\log n} + 1\right)|n|^{\frac{k \log m}{\log n}} \end{aligned}$$

であるので，

$$|m| \leqq n^{\frac{1}{k}} \left(\frac{k \log m}{\log n} + 1\right)^{\frac{1}{k}} |n|^{\frac{\log m}{\log n}}$$

を得る．$k \to \infty$ とすると，

$$|m|^{\frac{1}{\log m}} \leqq |n|^{\frac{1}{\log n}}$$

である．m, n を入れ替えることにより，$|m|^{1/\log m} = |n|^{1/\log n}$ を得る．よって，任

意の整数 $m \geqq 2$ に対し，$|m|^{1/\log m}$ は同じ値をとることが分かる．

$$c = \log(|m|^{1/\log m}) = \frac{\log|m|}{\log m}$$

とおく．補題 2.9 から $|m| \geqq 1$ であり，定義 2.2 (4) およびその後の注意から，少なくとも 1 つの整数 $m \geqq 2$ に対しては $|m| \neq 1$ であるから，c は正の実数である．よって，

$$|m| = m^c = |m|_\infty^c$$

であるから，$|\ \ |$ は $|\ \ |_\infty$ と同値である．

(2) $|\ \ |$ を $\mathbb{Q}$ の非アルキメデス的絶対値とし，O と $\mathfrak{m}$ を $|\ \ |$ の付値環と付値イデアルとする．任意の正の整数 m に対し，

$$|m| = |1 + 1 + \cdots + 1| \leqq 1$$

より付値環 $O = \{a \in \mathbb{Q} \mid |a| \leqq 1\}$ は $\mathbb{Z}$ を含み，$\mathfrak{m} \cap \mathbb{Z}$ は $\mathbb{Z}$ のイデアルである，定義 2.2 (4) より，$|p| < 1$ をみたす素数 p が存在する．この p に対し，$p\mathbb{Z} \subset \mathfrak{m} \cap \mathbb{Z} \subsetneq \mathbb{Z}$ から，$\mathfrak{m} \cap \mathbb{Z} = p\mathbb{Z}$ を得る．

$$c = -\frac{\log|p|}{\log p}$$

とおく．任意の正の整数 m に対し，

$$m = p^n \frac{c}{b} \quad (n, b, c \in \mathbb{Z},\ p \not| b,\ p \not| c)$$

とおくと，$\mathfrak{m} \cap \mathbb{Z} = p\mathbb{Z}$ より，p と異なる任意の素数 q に対し $|q| = 1$ なので，

$$|m| = \left|p^n \frac{c}{b}\right| = |p^n| = p^{-nc} = |m|_p^c$$

を得る．よって，$|\ \ |$ は $|\ \ |_p$ と同値である． □

有理数体 $\mathbb{Q}$ の絶対値の同値類の集合 $\{|\ \ | \mid \mathbb{Q}$ の絶対値 $\}/\sim$ の各類 $[|\ \ |]$ にはオストロフスキーの定理（定理 2.6）から，通常の絶対値 $|\ \ |_\infty$ またはある素数 p に対する p 進絶対値 $|\ \ |_p$ が含まれる．さらに，補題 2.8，2.9 から任意の素数 p に対し，$[|\ \ |_\infty] \neq [|\ \ |_p]$ であり，補題 2.10 から，相異なる素数 p, q に対し，$[|\ \ |_p] \neq [|\ \ |_q]$ が分かる．つまり，

$$\{|\quad|\mid \mathbb{Q}\text{ の絶対値}\}/\sim\,=\{\,[|\quad|_\infty]\,\}\cup\{\,[|\quad|_p]\mid p:\text{素数}\}$$

であり，右辺は相異なる同値類である．また，各同値類 $[|\quad|]$ に対し，距離空間 $(\mathbb{Q},d)$（d は絶対値 $|\quad|$ から定義される距離）が定まるが，相異なる同値類 $[|\quad|],[|\quad|']$ に対応する距離空間 $(\mathbb{Q},d),(\mathbb{Q},d')$ の位相は異なる．集合 $P_{\mathbb{Q}}=\{\infty\}\cup\{p\mid\text{素数}\}$ を $\mathbb{Q}$ の素点といい，さらに $\{\infty\}$ を無限素点，$\{p\mid\text{素数}\}$ を有限素点という．絶対値の定義から次の等式（積公式）が成り立つことが分かる．

$$\text{任意の } a\in\mathbb{Q}^\times \text{ に対し，}\quad \prod_{q\in P_{\mathbb{Q}}}|a|_q=1.$$

たとえば，$a=-564/119$ に対し，$|a|_\infty=564/119$，$|a|_2=2^{-2}$，$|a|_3=3^{-1}$，$|a|_7=7$，$|a|_{17}=17$，$|a|_{47}=47^{-1}$，$|a|_q=1$ $(q\neq\infty,2,3,7,17,47)$ より，上記積公式が成り立つことが分かる．

2.3　完備化

この節では有理数体 $\mathbb{Q}$ の完備化について説明する．

定義 2.11　d を有理数の絶対値 $|\quad|$ から定義される距離とする．次の条件をみたす有理数の数列 $(a_n)_{n\geqq 1}$ を距離空間 $(\mathbb{Q},d)$ のコーシー列という．

「任意の正の有理数 ε に対し，ある正の整数 N が存在し，
$|a_n-a_m|<\varepsilon$ がすべての $m,n\geqq N$ に対し成り立つ」

数列 $(a_n)_{n\geqq 1}$ がある有理数に収束すれば，コーシー列であるが，コーシー列がいつでも有理数に収束するとは限らない．以下，素点 $q\in P_{\mathbb{Q}}=\{\infty\}\cup\{p\mid\text{素数}\}$ に対し，$|\quad|_q$ から定義される距離（定義 2.7）を d_q を表す．$q=p$（素数）のとき，p 進絶対値 $|\quad|_p$ から定義される距離 d_p を p 進距離という．

[例 1]　距離空間 $(\mathbb{Q},d_\infty)$

(1) $a_n=1/n$ で定まる数列 $(a_n)_{n\geqq 1}$ は 0 に収束し，コーシー列である．

(2) $a_1=1$，$a_{n+1}=1+1/a_n$ $(n\geqq 1)$ で定まる数列 $(a_n)_{n\geqq 1}$ はコーシー列だが有理数には収束しない（黄金比 $(1+\sqrt{5})/2$ に収束する）．

[例 2] 距離空間 $(\mathbb{Q}, d_p)$ $(p \neq \infty)$

(1) $a_n = p^n$ で定まる数列 $(a_n)_{n \geqq 1}$ は 0 に収束し，コーシー列である．

(2) $a_n = 1 + p + p^2 + \cdots + p^{n-1}$ で定まる数列 $(a_n)_{n \geqq 1}$ は $\dfrac{1}{p-1}$ に収束し，コーシー列である．

(3) p を奇素数とし，a を p で割れない整数とする．$a_n = a^{p^n}$ で定まる数列 $(a_n)_{n \geqq 1}$ はコーシー列である．さらにこの数列が有理数に収束するための必要十分条件は，$a \equiv \pm 1 \pmod p$ である．

例 2 (3) の数列がコーシー列であることは，次のようにして分かる．任意の正の有理数 ε に対し，正の整数 N を $p^{-(N+1)} < \varepsilon$ をみたすようにとると，$m, n \geqq N$, $m \geqq n$ をみたす任意の正の整数 m, n に対し，$\sharp(\mathbb{Z}/p^{N+1}\mathbb{Z}) = p^N(p-1)$ より，

$$a^{p^m - p^n} = (a^{p^N(p-1)})^{p^{n-N}(p^{m-n-1} + p^{m-n-2} + \cdots + p + 1)} \equiv 1 \pmod{p^{N+1}\mathbb{Z}}.$$

よって，$a^{p^m} \equiv a^{p^n} \pmod{p^{N+1}\mathbb{Z}}$ より，

$$|a^{p^m} - a^{p^n}|_p \leqq p^{-(N+1)} < \varepsilon$$

を得る．よって $(a_n)_{n \geqq 1}$ はコーシー列である．$(a_n)_{n \geqq 1}$ が有理数に収束するための必要十分条件が $a \equiv \pm 1 \pmod p$ であることは後で示す補題 2.22 と $\mu_{p-1}(\mathbb{Q}) = \{\zeta \in \mathbb{Q} \mid \zeta^{p-1} = 1\} = \{\pm 1\}$ より分かる．

すべてのコーシー列が収束するように距離空間を広げた空間が完備化である．

距離空間 $(\mathbb{Q}, d_\infty)$ を以下で述べる方法によって完備化した体は実数体 $\mathbb{R}$ であり，次のような性質をもつ．

実数体 $\mathbb{R}$ の性質

[距離の延長] $\mathbb{Q}$ の距離 d_∞ は $\mathbb{R}$ の距離 $d_\infty^\wedge$ に延長される．

[稠密性] $\mathbb{R}$ において $\mathbb{Q}$ は稠密である（すなわち，任意の実数 α に対し，α にいくらでも近い有理数が存在する）．

[完備性] 距離空間 $(\mathbb{R}, d_\infty^\wedge)$ は完備である（すなわち，任意のコーシー列は $\mathbb{R}$ に極限値をもつ）．

次節で，通常の距離 d_∞ の代わりに p 進距離 d_p を用いて $\mathbb{Q}$ を完備化して得られる体は，上記の実数体 $\mathbb{R}$ と同様の性質をもつことを確認する．

距離空間 $(\mathbb{Q}, d)$ のコーシー列全体の集合を $\mathscr{C}$ とおく．二つのコーシー列 $(a_n)_{n\geqq 1}, (b_n)_{n\geqq 1}$ が $\lim_{n\to\infty} d(a_n, b_n) = 0$ をみたすとき，$(a_n)_{n\geqq 1}$ と $(b_n)_{n\geqq 1}$ は同値であるといい，$(a_n)_{n\geqq 1} \sim (b_n)_{n\geqq 1}$ と表す．この関係 $\sim$ は集合 $\mathscr{C}$ において同値関係である．

定義 2.12　$(\mathbb{Q}, d)$ のコーシー列全体の集合 $\mathscr{C}$ を同値関係で割った商集合 $\mathscr{C}/\sim$ を $(\mathbb{Q}, d)$ の完備化といい，$\widehat{\mathbb{Q}}$ で表す．

$\widehat{\mathbb{Q}}$ は自然な単射 $\mathbb{Q} \hookrightarrow \widehat{\mathbb{Q}},\ a \mapsto [(a)_{n\geqq 1}] = [(a, a, a, \cdots)]$ により有理数全体の集合を含む．またコーシー列の各項の和と積により，$\widehat{\mathbb{Q}}$ は体であり，この単射は体としての埋め込みである．

2.4　p 進体と p 進整数環

$\mathbb{Q}$ の各素点 $q \in P_{\mathbb{Q}}$ に対し，$(\mathbb{Q}, d_q)$ の完備化 $\widehat{\mathbb{Q}}$ を考えると，$q = \infty$ のとき，$\widehat{\mathbb{Q}}$ は実数体 $\mathbb{R}$ である．

定義 2.13　素数 p に対し，$(\mathbb{Q}, d_p)$ の完備化 $\widehat{\mathbb{Q}}$ を p 進体といい，$\mathbb{Q}_p$ と表す．

$\mathbb{Q}$ には各素点 $q \in P_{\mathbb{Q}} = \{\infty\} \cup \{p \mid 素数\}$ ごとの完備化への埋め込みがある．

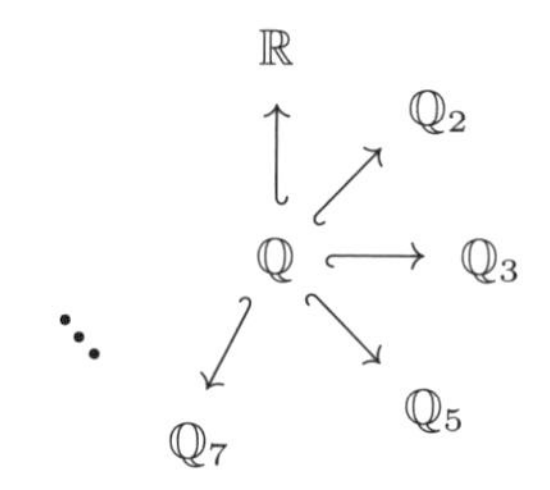

$\alpha \in \mathbb{Q}_p$ に含まれる $(\mathbb{Q}, d_p)$ のコーシー列を $(a_n)_{n\geqq 1}$ とする．数列 $(|a_n|_p)_{n\geqq 1}$ は $(\mathbb{Q}, d_\infty)$ のコーシー列なので，実数に収束するが，実際は以下に述べるように有理数に値をとる．

補題 2.14　$(a_n)_{n\geqq 1}$ を $(0)_{n\geqq 1}=(0,0,\cdots)$ と同値ではない $(\mathbb{Q},d_p)$ のコーシー列とすると，ある正の整数 N が存在し，任意の $n\geqq N$ に対し，$|a_n|_p=|a_N|_p$ が成り立つ.

証明　$(a_n)_{n\geqq 1}$ は $(0)_{n\geqq 1}=(0,0,\cdots)$ と同値ではないことより，次の性質をみたす正の有理数 ε が存在する.

「任意の正の整数 N に対し，ある正の整数 $k(N)$ $(\geqq N)$ が存在し，$|a_{k(N)}|_p\geqq\varepsilon$」

一方，この ε に対し，$(a_n)_{n\geqq 1}$ はコーシー列であるから，ある正の整数 N が存在し，任意の $m,n\geqq N$ に対し，$|a_n-a_m|_p<\varepsilon$ が成り立つ．この N に対し，$|a_n|_p\neq|a_{k(N)}|_p$ をみたす正の整数 n $(\geqq N)$ が存在すると仮定すると，

$$|a_n-a_{k(N)}|_p=\max(|a_n|_p,|a_{k(N)}|_p)\geqq|a_{k(N)}|_p\geqq\varepsilon$$

となり，矛盾．よってすべての n $(\geqq N)$ に対し，$|a_n|_p=|a_{k(N)}|_p=|a_N|_p$ である.

□

距離空間 $(\mathbb{Q},d_p)$ を完備化した体 $\mathbb{Q}_p$ は，2.3 節で述べた実数体 $\mathbb{R}$ と同様に次の性質をもつことをこの節で確認する.

p 進体 $\mathbb{Q}_p$ の性質

［距離の延長］　$\mathbb{Q}$ の距離 d_p は $\mathbb{Q}_p$ の距離 $d_p^\wedge$ に延長される.

［稠密性］　$\mathbb{Q}_p$ において $\mathbb{Q}$ は稠密である.

［完備性］　距離空間 $(\mathbb{Q}_p,d_p^\wedge)$ は完備である.

［距離の延長］　$\alpha=[(a_n)_{n\geqq 1}]$ の p 進絶対値を補題 2.14 の N を用いて，

$$|\alpha|_p^\wedge=\lim_{n\to\infty}|a_n|_p=\begin{cases}0 & (\alpha=0\text{ のとき}),\\ |a_N|_p & (\alpha\neq 0\text{ のとき})\end{cases}$$

と定める．任意の $\alpha,\beta\in\mathbb{Q}_p$ に対し $\widehat{d}_p(\alpha,\beta)=|\alpha-\beta|_p^\wedge$ である．また，$\alpha\in\mathbb{Q}_p$ に対し，$v_p(\alpha)$ を $|\alpha|_p^\wedge=p^{-v_p(\alpha)}$ で定めると，

$$v_p(\alpha)=\begin{cases}\infty & (\alpha=0\text{ のとき}),\\ v_p(a_N) & (\alpha\neq 0\text{ のとき})\end{cases}$$

である．$\alpha, \beta \in \mathbb{Q}$ ならば，$|\alpha|_p^\wedge = |\alpha|_p$, $\widehat{d}_p(\alpha, \beta) = d_p(\alpha, \beta)$ である．

［稠密性］ $\mathbb{Q}$ が $\mathbb{Q}_p$ において稠密であること，すなわち次の主張が成り立つことを示す．

「任意の $\alpha \in \mathbb{Q}_p$ と正の実数 ε に対し，ある $a \in \mathbb{Q}$ が存在し，
$|\alpha - a|_p^\wedge < \varepsilon$ が成り立つ」

任意に正の実数 ε と $\alpha \in \mathbb{Q}_p$ を与え，同値類 α に含まれるコーシー列を $(a_n)_{n \geqq 1}$ $(a_n \in \mathbb{Q})$ とおく．実数 ε を $0 < \varepsilon' < \varepsilon$ をみたすものとする．$(a_n)_{n \geqq 1}$ はコーシー列なので，ある正の整数 N が存在し，$|a_n - a_m| < \varepsilon'$ がすべての $m, n \geqq N$ に対し成り立つ．$a = a_N$ とおき，数列 $(a)_{n \geqq 1} = (a, a, a, \cdots)$ を考えると，$|\alpha - [(a)_{n \geqq 1}]|_p^\wedge < \varepsilon$ をみたすことが以下のように分かる．

$$\alpha - [(a)_{n \geqq 1}] = [(a_n - a)_{n \geqq 1}]$$

より，

$$|\alpha - [(a)_{n \geqq 1}]|_p^\wedge = \lim_{n \to \infty} |a_n - a|_p$$

である．任意の $n \geqq N$ に対し，

$$|a_n - a|_p = |a_n - a_N| < \varepsilon'$$

であるから，

$$|\alpha - [(a)_{n \geqq 1}]|_p^\wedge = \lim_{n \to \infty} |a_n - a|_p \leqq \varepsilon' < \varepsilon$$

を得る．よって $\mathbb{Q}$ は $\mathbb{Q}_p$ において稠密である．

［完備性］ 距離空間 $(\mathbb{Q}_p, d_p^\wedge)$ が完備であることは，以下のように分かる．$(\alpha_n)_{n \geqq 1}$ $(\alpha_n \in \mathbb{Q}_p)$ をコーシー列とする．$\mathbb{Q}$ は $\mathbb{Q}_p$ において稠密なので，任意の $n \geqq 1$ に対し，$a_n \in \mathbb{Q}$ が存在し，

$$\lim_{n \to \infty} |\alpha_n - [(a_n, a_n, a_n, \cdots)]|_p^\wedge = 0$$

が成り立つ．有理数列 $(a_n)_{n \geqq 1}$ はコーシー列であり，$\lim_{n \to \infty} \alpha_n = [(a_n)_{n \geqq 1}] \in \mathbb{Q}_p$ をみたす．よって $(\mathbb{Q}_p, d_p^\wedge)$ は完備である．

次に，p 進体 $\mathbb{Q}_p$ の代数構造について考える．

定義 2.15 非負整数 n に対し,

$$p^n\mathbb{Z}_p = \{\alpha \in \mathbb{Q}_p \mid v_p(\alpha) \geqq n\} = \{\alpha \in \mathbb{Q}_p \mid |\alpha|_p^\wedge \leqq p^{-n}\}$$

と定める. とくに $n = 0$ のとき, $\mathbb{Z}_p$ を p **進整数環**という.

p 進体 $\mathbb{Q}_p$ は, 次に述べるような単純な代数構造をもつ.

補題 2.16 (1) $\mathbb{Z}_p$ は $\mathbb{Q}_p$ の部分環である.

(2) $\mathbb{Z}_p^\times = \{\alpha \in \mathbb{Q}_p \mid v_p(\alpha) = 0\} = \{\alpha \in \mathbb{Q}_p \mid |\alpha|_p^\wedge = 1\}$

(3) $\mathbb{Z}_p$ の商体は $\mathbb{Q}_p$ である. すなわち, $\mathbb{Q}_p = \{ab^{-1} \mid a, b \in \mathbb{Z}_p, b \neq 0\}$ である.

(4) 非負整数 n に対し, $p^n\mathbb{Z}_p = \{p^n a \mid a \in \mathbb{Z}_p\}$ であり, $p^n\mathbb{Z}_p$ は $\mathbb{Z}_p$ のイデアルである.

(5) 任意の $\mathbb{Z}_p$ の元 a と非負整数 n に対し, $a + p^n\mathbb{Z}_p$ は $\mathbb{Q}_p$ の開集合であり閉集合でもある.

(6) $\mathbb{Z}_p$ は局所環であり, 極大イデアルは $p\mathbb{Z}_p$ である.

$$\begin{array}{ccl}
\mathbb{Q}_p & \supset & \mathbb{Z}_p = \mathbb{Z}_p^\times \amalg p\mathbb{Z}_p \\
| & & | \\
\mathbb{Q} & \supset & \mathbb{Z}
\end{array}$$

($\mathbb{Z}_p^\times \amalg p\mathbb{Z}_p$ は $\mathbb{Z}_p^\times \cup p\mathbb{Z}_p$ かつ $\mathbb{Z}_p^\times \cap p\mathbb{Z}_p = \phi$ を表す). $\mathbb{Z}_p$ は有理整数環 $\mathbb{Z}$ の p 進類似だが, ただ 1 つの素数 p のみが極大イデアル $p\mathbb{Z}_p$ に含まれ, p 以外のすべての素数は $\mathbb{Z}_p^\times$ に含まれる.

証明 (5), (6) のみ示す.

(5) はじめに開集合であることを示す. α を $a + p^N\mathbb{Z}_p$ の任意の元とする. 正の実数 $\varepsilon = p^{-N}$ に対し,

$$S_\varepsilon(\alpha) = \{x \in \mathbb{Z}_p^\times \mid |x - \alpha|_p^\wedge < \varepsilon\} \tag{2.7}$$

とおく. 任意の $x \in S_\varepsilon(\alpha)$ に対し,

$$|x-a|_p^\wedge = |(x-\alpha)+(\alpha-a)|_p^\wedge \leqq \max(|x-\alpha|_p^\wedge, |\alpha-a|_p^\wedge) < \varepsilon$$

より，$x \in a+p^N\mathbb{Z}_p$ であるから，$S_\varepsilon(\alpha) \subset a+p^N\mathbb{Z}_p$ である．よって，$a+p^N\mathbb{Z}_p$ は $\mathbb{Z}_p^\times$ の開集合である．次に閉集合であることを示す．α を $\mathbb{Z}_p^\times \setminus (a+p^N\mathbb{Z}_p)$ の任意の元とする．正の実数 $\varepsilon = p^{-N}$ に対し，$S_\varepsilon(\alpha)$ を（2.7）で定める．任意の $x \in S_\varepsilon(\alpha)$ に対し，

$$|x-\alpha|_p^\wedge < \varepsilon < |\alpha-a|_p^\wedge$$

なので，

$$\begin{aligned}|x-a|_p &= |(x-\alpha)+(\alpha-a)|_p \\ &= \max(|x-\alpha|_p, |\alpha-a|_p) \\ &= |\alpha-a|_p \\ &> \varepsilon\end{aligned}$$

より，

$$S_\varepsilon(\alpha) \subset \mathbb{Z}_p^\times \setminus (a+p^N\mathbb{Z}_p)$$

である．よって，$a+p^N\mathbb{Z}_p$ は $\mathbb{Z}_p^\times$ の閉集合である．

（6）（2）から $p\mathbb{Z}_p = \mathbb{Z}_p \setminus \mathbb{Z}_p^\times$ であり，（4）から $p\mathbb{Z}_p$ がイデアルであることから，局所環の一般論より従う．□

p 進体 $\mathbb{Q}_p$ と p 進整数環 $\mathbb{Z}_p$ は $\mathbb{Q}$ と $\mathbb{Z}$ の関係に似た性質をもつが，$\mathbb{Z}$ の極大イデアルが素数ごとに存在し無限個であることに対し，$\mathbb{Z}_p$ の極大イデアルは $p\mathbb{Z}_p$ 唯一つである．数論では，$\mathbb{Q}$ の情報をまず各素点 $q \in P_{\mathbb{Q}}$ ごとに集めるために $\mathbb{Q}$ を $\mathbb{R}$ の他に極大イデアルが唯一つである $\mathbb{Q}_p$ に埋め込んで考える．$\mathbb{Q}$ ではすべての素数が対等であるのに対し，$\mathbb{Q}_p$ では素数 p のみが強い影響力を持つ（右図参照）．

また距離空間 $(\mathbb{R}, d_\infty^\wedge)$ と $(\mathbb{Q}_p, d_p^\wedge)$ は級数の収束に関し異なる性質をもつ．たとえば $(\mathbb{Q}_p, d_p^\wedge)$ における級数 $\sum_{n=k}^{\infty} \alpha_n$ $(k \in \mathbb{Z}, \alpha_n \in \mathbb{Q}_p)$ が収束するための必要十分条件は，$\lim_{n\to\infty} |\alpha_n|_p^\wedge = 0$ である（後述の補題 2.25 を参照）．距離空間 $(\mathbb{R}, d_\infty^\wedge)$ における級数 $\sum_{n=k}^{\infty} \alpha_n$ $(k \in \mathbb{Z}, \alpha_n \in \mathbb{R})$ が収束すれば，$\lim_{n\to\infty} |\alpha_n|_\infty^\wedge = 0$ であるが，逆は一般に成り立たない．$\mathbb{Q}_p$ の元 α は次のような収束する無限級数に一意的に表すことがで

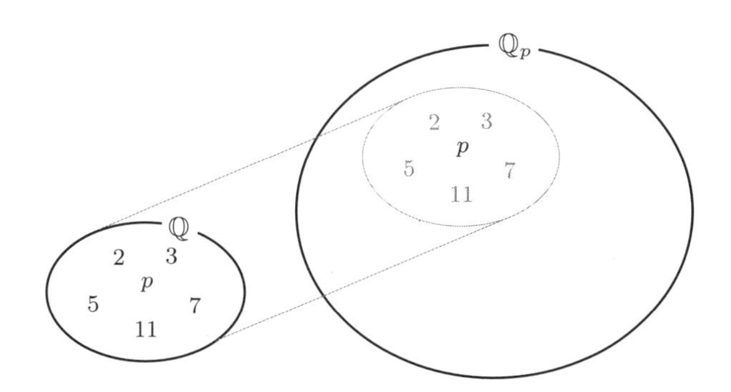

き，これを α の p 進展開という．

定理 2.17（p 進展開）　任意の $\alpha \in \mathbb{Q}_p^\times$ に対し，$a_n \in \{0, 1, \cdots, p-1\}(n \geqq v_p(\alpha),\ a_{v_p(\alpha)} \neq 0)$ が存在し，

$$\alpha = \sum_{n=v_p(\alpha)}^{\infty} a_n p^n,$$

が成り立つ．このとき，すべての n に対し，a_n は一意的に定まる．

証明　初めに $\alpha \in \mathbb{Z}_p \setminus \{0\}$ と仮定する．$\mathbb{Q}$ は $\mathbb{Q}_p$ において稠密なので，任意の正の整数 n に対し，

$$|\alpha - a|_p^\wedge < p^{-n}$$

をみたす $a \in \mathbb{Q}$ が存在する．

$$|a|_p^\wedge = |\alpha - (\alpha - a)|_p^\wedge \leqq \max\{|\alpha|_p^\wedge,\ |\alpha - a|_p^\wedge\} \leqq 1$$

より，$a \in \mathbb{Z}_{(p)}$ である．よって，

$$\alpha_{n-1} \equiv a \pmod{p^n}, \quad 0 \leqq \alpha_{n-1} < p^n - 1$$

をみたす $\alpha_{n-1} \in \mathbb{Z}$ が唯一つ存在する．このとき数列 $\{\alpha_n\}_{n \geqq 0}$ は，

$$|\alpha - \alpha_n|_p^\wedge = |(\alpha - a) - (\alpha_n - a)|_p^\wedge \leqq \max\{|\alpha - a|_p^\wedge, |\alpha_n - a|_p^\wedge\} \leqq p^{-n},$$
$$\alpha_{n+1} \equiv \alpha_n \pmod{p^n}$$

をみたす．よって $a_n \in \{0, 1, \cdots, p-1\}$ $(n \geqq 0)$ を

$$
\begin{aligned}
\alpha_0 &= a_0 \\
\alpha_1 &= a_0 + a_1 p \\
\alpha_2 &= a_0 + a_1 p + a_2 p^2 \\
&\ \vdots \\
\alpha_n &= a_0 + a_1 p + \cdots + a_n p^n \\
&\ \vdots
\end{aligned}
$$

と帰納的に定めると，コーシー列 $\{\alpha_n\}$ は α に収束するので，

$$\alpha = a_0 + a_1 p + a_2 p^2 + \cdots = \sum_{n \geqq 0} a_n p^n$$

を得る．また，$n < v_p(\alpha)$ に対し，$a_n = 0$ なので，$\alpha = \sum_{n=v_p(\alpha)}^{\infty} a_n p^n$ である．$\alpha \in \mathbb{Q}_p^\times \setminus \mathbb{Z}_p$ のときは，$p^{-v_p(\alpha)}\alpha \in \mathbb{Z}_p^\times$ に対し，上記の議論から $p^{-v_p(\alpha)}\alpha = \sum_{n=0}^{\infty} a_n p^n$ が得られ，両辺に $p^{v_p(\alpha)}$ を掛けることにより，定理の主張が得られる．　□

$\alpha \in \mathbb{Z}_p$ であるための必要十分条件は，$v_p(\alpha) \geqq 0$ なので，$\mathbb{Z}_p$ の元は

$$
\begin{aligned}
&\alpha = a_0 + a_1 p + a_2 p^2 + \cdots, \\
&a_n \in \{0, 1, \cdots, p-1\} \quad (n \geqq 0)
\end{aligned}
$$

の形をしている．たとえば，$\mathbb{Q}_2$ において，

$$
\begin{aligned}
-1 &= 1 + 2 + 2^2 + \cdots, \\
\frac{1}{3} &= 1 + 2 + 2^3 + 2^5 + \cdots
\end{aligned}
$$

であり，$\mathbb{Q}_{11}$ において

$$\frac{1}{10} = 10 + 9 \cdot 11 + 9 \cdot 11^2 + 9 \cdot 11^3 + \cdots$$

である．

上記の定理と補題 2.16（2）から，次の主張を得る．

系 任意の $\alpha \in \mathbb{Q}_p^\times$ に対し，ある $u \in \mathbb{Z}_p^\times$ が存在し，$\alpha = p^{v_p(\alpha)}u$ が成り立つ．

以後，記号を簡略化するため，$(\mathbb{Q}, d)$ の完備化 $\widehat{\mathbb{Q}}$ に延長された距離 $\widehat{d}$ を d で表す．また d が絶対値 $|\ \ | : \mathbb{Q} \longrightarrow \mathbb{R}$ から定義されるとき，延長された絶対値 $|\ \ |^\wedge : \widehat{\mathbb{Q}} \longrightarrow \mathbb{R}$ を $|\ \ |$ で表す．

補題 2.18 任意の正の整数 m に対し，環の同型 $\mathbb{Z}_p/p^m\mathbb{Z}_p \simeq \mathbb{Z}/p^m\mathbb{Z}$ が成り立つ．

証明 写像 $\varphi : \mathbb{Z}_p \to \mathbb{Z}/p^m\mathbb{Z}$ を

$$x = \sum_{n=0}^{\infty} a_n p^n \quad (a_n \in \{0, 1, \cdots, p-1\})$$

に対し，

$$\varphi(x) = \overline{\sum_{n=0}^{m-1} a_n p^n}$$

で定めれば，φ は全射環準同型写像であり，$\mathrm{Ker}\varphi = p^m\mathbb{Z}_p$ が成り立つことから主張が従う． □

2.5 p 進指数関数と p 進対数関数

実数における指数関数 $\exp(x)$ $(= e^x)$ と対数関数 $\log(x)$ は二つの群 $\mathbb{R}$（加法群）と $\mathbb{R} > 0 = \{x \in \mathbb{R} \mid x > 0\}$（乗法群）の同型を与える連続写像である．

$$\begin{array}{rcl} \mathbb{R} & \simeq & \mathbb{R} > 0 \\ x & \mapsto & \exp(x) \\ \log(y) & \leftarrow\!\shortmid & y \end{array} \tag{2.8}$$

また，これらの関数のマクローリン展開は次で与えられる．

$$\exp(x) = \sum_{n=0}^{\infty} \frac{x^n}{n!} = 1 + \frac{x}{1!} + \frac{x^2}{2!} + \frac{x^3}{3!} + \cdots \quad (x \in \mathbb{R})$$

$$\log(x) = \sum_{n=1}^{\infty} \frac{(-1)^{n-1}}{n}(x-1)^n = (x-1) - \frac{1}{2}(x-1)^2 + \frac{1}{3}(x-1)^3 - \cdots$$

$$(x \in \mathbb{R}, |x-1|_\infty < 1)$$

これらのマクローリン展開を用いて p 進指数関数，p 進対数関数を定義する．

定義 2.19　$x \in \mathbb{Q}_p$ に対し，

$$\exp_p(x) = \sum_{n=0}^{\infty} \frac{x^n}{n!}$$

$$\log_p(x) = \sum_{n=1}^{\infty} \frac{(-1)^{n-1}}{n}(x-1)^n$$

と定義する．

これらの無限級数に対し，

$$q = \begin{cases} p & (p \neq 2 \text{ のとき}) \\ 4 & (p = 2 \text{ のとき}) \end{cases}$$

とおくと，$\exp_p(x)$ は $x \in q\mathbb{Z}_p$ のとき収束し，$\log_p(x)$ は $x-1 \in p\mathbb{Z}_p$ のとき収束することが分かる．さらに，m を $p \neq 2$ のとき $m \geqq 1$, $p=2$ のとき $m \geqq 2$ をみたす整数とすると p 進指数関数，p 進対数関数は二つの群 $p^m\mathbb{Z}_p$（加法群）と $1 + p^m\mathbb{Z}_p = \{1 + x \mid x \in p^m\mathbb{Z}_p\}$（乗法群）の同型を与える連続写像であり，互いに逆写像である．

$$\begin{array}{rcl} p^m\mathbb{Z}_p & \simeq & 1 + p^m\mathbb{Z}_p \\ x & \mapsto & \exp_p(x) \\ \log_p(y) & \leftarrow\!\shortmid & y \end{array} \tag{2.9}$$

$s \in \mathbb{Z}_p$ の p 進展開を

$$s = \sum_{n=0}^{\infty} a_n p^n \quad (a_n \in \{0, 1, \cdots, p-1\})$$

とし，任意の非負整数 n に対し，

$$s_n = \sum_{k=0}^{n} a_k p^k \quad (\in \mathbb{Z})$$

とおく．同型 (2.9) と指数関数の連続性より，任意の $x \in 1 + q\mathbb{Z}_p$ に対し，

$$\begin{aligned}\exp_p(s\log_p(x)) &= \exp_p(\lim_{n\to\infty} s_n \log_p(x))\\ &= \lim_{n\to\infty}\exp_p(s_n\log_p(x))\\ &= \lim_{n\to\infty}\exp_p(\log_p(x))^{s_n}\\ &= \lim_{n\to\infty}(x)^{s_n}\end{aligned}$$

が成り立つ．この値を x^s と定める．すなわち，任意の $s = \lim_{n\to\infty} s_n \in \mathbb{Z}_p$ と $x \in 1+q\mathbb{Z}_p$ に対し，

$$x^s = \lim_{n\to\infty} x^{s_n} = \exp_p(s\log_p(x)) \in 1+q\mathbb{Z}_p. \tag{2.10}$$

固定された $s \in \mathbb{Z}_p$ に対し，写像

$$1+q\mathbb{Z}_p \mapsto 1+q\mathbb{Z}_p, \quad x \mapsto x^s$$

は連続写像である．d を $p \nmid d$ をみたす正の整数とし，

$$\langle 1+dq\rangle_{\mathbb{Z}_p} = \{(1+dq)^s \mid s\in\mathbb{Z}_p\}$$

とおく．

補題 2.20 $1+dq\mathbb{Z}_p = \langle 1+dq\rangle_{\mathbb{Z}_p}$ が成り立つ．

証明 $\langle 1+dq\rangle_{\mathbb{Z}_p} \subset 1+dq\mathbb{Z}_p$ はすでに示してあるので，逆の包含関係を示す．任意の $x \in 1+dq\mathbb{Z}_p$ に対し，同型 (2.9) より，

$$\begin{aligned}&\log_p(x) \in q\mathbb{Z}_p,\\ &\log_p(1+dq) \in q\mathbb{Z}_p \setminus (pq)\mathbb{Z}_p\end{aligned}$$

であるから，$\log_p(x)/\log_p(1+dq) \in \mathbb{Z}_p$ である．$s = \log_p(x)/\log_p(1+dq)$ とおくと，

$$x = \exp_p(\log_p(x)) = \exp_p(s\log_p(1+dq)) = (1+dq)^s$$

より，$x \in \langle 1+dq\rangle_{\mathbb{Z}_p}$ が成り立つので，$\langle 1+dq\rangle_{\mathbb{Z}_p} \supset 1+dq\mathbb{Z}_p$． □

2.6 乗法群 $\mathbb{Q}_p^\times$ の構造

体 K と正の整数 n に対し，K に含まれる 1 の n 乗根全体が成す群 $\mu_n(K)$ を

$$\mu_n(K) = \{\zeta\in K \mid \zeta^n = 1\} \quad (\subset K^\times)$$

とおく．方程式 $X^n - 1 = 0$ は体 K において高々 n 個の解をもつので，

$$\sharp\mu_n(K) \leqq n \tag{2.11}$$

である．たとえば，

$$\mu_n(\mathbb{C}) = \{e^{2\pi ki/n} \mid k = 0, 1, \cdots, n-1\},$$
$$\mu_n(\mathbb{Q}) = \begin{cases} \{1\} & (n \text{ が奇数のとき}), \\ \{\pm 1\} & (n \text{ が偶数のとき}) \end{cases}$$

である．次のことが成り立つ．

定理 2.21　p 進体 $\mathbb{Q}_p$ に含まれる 1 の $\varphi(q)$ 乗根全体が成す群の構造は，以下で与えられる．

$$\begin{aligned} \mu_{\varphi(q)}(\mathbb{Q}_p) \underset{\bmod q\mathbb{Z}_p}{\simeq} & (\mathbb{Z}_p/q\mathbb{Z}_p)^\times \\ & \simeq \mathbb{Z}/\varphi(q)\mathbb{Z} \\ & = \begin{cases} \mathbb{Z}/(p-1)\mathbb{Z} & (p \neq 2), \\ \mathbb{Z}/2\mathbb{Z} & (p = 2). \end{cases} \end{aligned}$$

ここで，φ はオイラー関数であり，正の整数 n に対し，

$$\varphi(n) = \sharp\{a \in \mathbb{Z} \mid 1 \leqq a \leqq n,\ (a, n) = 1\}$$

で定義される．任意の $\mu_{\varphi(q)}(\mathbb{Q}_p)$ の元 ζ に対し，$\zeta^{\varphi(q)} = 1$ であることから，$v_p(\zeta) = 0$ なので，$\mu_{\varphi(q)}(\mathbb{Q}_p) \subset \mathbb{Z}_p^\times$ である．さらに，後述の定理 2.24 で示すように，$\mu_{\varphi(q)}(\mathbb{Q}_p)$ は，$\mathbb{Q}_p$ に含まれる 1 のべき乗根全体と一致することが分かる．この定理を示すために，以下の補題を証明する．

補題 2.22　任意の $\overline{a} \in (\mathbb{Z}/q\mathbb{Z})^\times$ に対し，$a \equiv \zeta \pmod{q\mathbb{Z}_p}$ をみたす $\zeta \in \mu_{\varphi(q)}(\mathbb{Q}_p)$ は以下に与えるものだけである．

(1) $p \neq 2$ のとき，

$$\zeta = \lim_{n \to \infty} a^{p^n}.$$

(2) $p = 2$ のとき，

$$\zeta = \begin{cases} 1 & (\overline{a} = \overline{1}) \\ -1 & (\overline{a} = \overline{-1}). \end{cases}$$

証明 初めに存在性を示す．$p = 2$ のときは $q = 4$, $\varphi(q) = 2, (\mathbb{Z}/q\mathbb{Z})^\times = (\mathbb{Z}/4\mathbb{Z})^\times = \{\overline{1}, \overline{3}\}$ であり，$\overline{a} = \overline{1}$ のとき $\zeta = 1 \in \mu_2(\mathbb{Q}_2)$, $\overline{a} = \overline{-1}$ のとき $\zeta = -1 \in \mu_2(\mathbb{Q}_2)$ は $a \equiv \zeta \pmod{4\mathbb{Z}_p}$ をみたす．$p \neq 2$ のとき，$q = p$, $\varphi(q) = p - 1$ である．$\overline{a} \in (\mathbb{Z}/q\mathbb{Z})^\times = (\mathbb{Z}/p\mathbb{Z})^\times$ に対し，a は p で割れない整数なので，$(a^{p^n})_{n \geqq 1}$ はコーシー列である（例 2（37 ページ））．$\mathbb{Q}_p$ は完備なので，数列 $(a^{p^n})_{n \geqq 1}$ は収束する．さらに，$a^{p^n} \in \mathbb{Z}_p$ $(n \geqq 1)$ であることと $\mathbb{Z}_p$ が $\mathbb{Q}_p$ の閉集合であることから，その極限値 $\lim_{n\to\infty} a^{p^n}$ は $\mathbb{Z}_p$ の元である．よって，ζ は $a \equiv \zeta \pmod{q\mathbb{Z}_p}$ かつ $\zeta \in \mu_{\varphi(q)}(\mathbb{Q}_p)$ をみたす．

次に一意性を示す．相異なる $\overline{a}, \overline{b} \in (\mathbb{Z}/q\mathbb{Z})^\times$ に対応する $\mu_{\varphi(q)}(\mathbb{Q}_p)$ の元 ζ, ζ' は $a \equiv \zeta \pmod{q\mathbb{Z}_p}$, $b \equiv \zeta' \pmod{q\mathbb{Z}_p}$ をみたすので，$\zeta \neq \zeta'$ である．よって，

$$\sharp\mu_{\varphi(q)}(\mathbb{Q}_p) \geqq \sharp(\mathbb{Z}/q\mathbb{Z})^\times = \varphi(q)$$

である．一方（2.11）から逆の不等号が成り立つので，$\sharp\mu_{\varphi(q)}(\mathbb{Q}_p) = \varphi(q)$ となる．よって各 $\overline{a} \in (\mathbb{Z}/q\mathbb{Z})^\times$ に対し，$a \equiv \zeta \pmod{q\mathbb{Z}_p}$ をみたす $\zeta \in \mu_{\varphi(q)}$ は唯一つである． □

補題 2.22 から，群 $\mu_{\varphi(q)}(\mathbb{Q}_p)$ の位数は $\varphi(q)$ であることが分かる．

系 $\sharp\mu_{\varphi(q)}(\mathbb{Q}_p) = \varphi(q)$.

定理 2.21 の主張は補題 2.22 と系より得られる．

定義 2.23 任意の $\overline{a} \in (\mathbb{Z}/q\mathbb{Z})^\times$ に対し，$a \equiv \zeta \pmod{q\mathbb{Z}_p}$ をみたす $\zeta \in \mu_{\varphi(q)}(\mathbb{Q}_p)$ を $\omega(\overline{a})$ と表す．写像

$$\omega : (\mathbb{Z}/q\mathbb{Z})^\times \to \mathbb{Z}_p^\times, \quad \overline{a} \mapsto \omega(\overline{a})$$

をタイヒミュラー指標という．

$\overline{a}, \overline{b} \in (\mathbb{Z}/q\mathbb{Z})^{\times}$ に対し，$\omega(\overline{a}\overline{b}), \omega(\overline{a})\omega(\overline{b}) \in \mu_{\varphi(q)}$ は

$$\omega(\overline{a}\overline{b}) \equiv ab \equiv \omega(\overline{a})\omega(\overline{b}) \pmod{q\mathbb{Z}_p}$$

をみたすことと，補題 2.22 の一意性から $\omega(\overline{a}\overline{b}) = \omega(\overline{a})\omega(\overline{b})$ が成り立つ．つまり，ω は群 $(\mathbb{Z}/q\mathbb{Z})^{\times}$ から群 $\mathbb{Z}_p^{\times}$ への準同型写像である．$x \in \mathbb{Z}_p^{\times}$ に対し，定義 2.23 のタイヒミュラー指標を用いて，

$$\langle x \rangle = \frac{x}{\omega(x)}$$

とおく．$\langle x \rangle \in 1 + q\mathbb{Z}_p$ であり，$x = \omega(x)\langle x \rangle$ である．

乗法群 $\mathbb{Q}_p^{\times}$ の構造は，以下で与えられる．

定理 2.24　(1) 任意の $\alpha \in \mathbb{Q}_p^{\times}$ に対し，$(m, u) \in \mathbb{Z} \times \mathbb{Z}_p^{\times}$ が唯一組存在し，$\alpha = p^m u$ が成り立つ．また，この対応により，群の同型 $\mathbb{Q}_p^{\times} \simeq \mathbb{Z} \times \mathbb{Z}_p^{\times}$ を得る．

(2) $\mathbb{Z}_p^{\times} = \mu_{\varphi(q)}(\mathbb{Q}_p) \times (1 + q\mathbb{Z}_p)$ であり，群の同型

$$\mathbb{Z}_p^{\times} \simeq (\mathbb{Z}/q\mathbb{Z})^{\times} \times \mathbb{Z}_p \simeq \mathbb{Z}/\varphi(q)\mathbb{Z} \times \mathbb{Z}_p$$

が成り立つ．

(3) 群の同型 $\mathbb{Q}_p^{\times} \simeq \mathbb{Z} \times \mathbb{Z}/\varphi(q)\mathbb{Z} \times \mathbb{Z}_p$ が成り立つ．

証明　(1) $\alpha \in \mathbb{Q}_p^{\times}$ に対し，$m = v_p(\alpha)$，$u = p^{-v_p(\alpha)}\alpha$ とおけばよい．

(2) 補題 2.18 から得られる群の同型 $(\mathbb{Z}_p/q\mathbb{Z}_p)^{\times} \simeq (\mathbb{Z}/q\mathbb{Z})^{\times}$ とタイヒミュラー指標 $\omega : (\mathbb{Z}/q\mathbb{Z})^{\times} \to \mathbb{Z}_p^{\times}$ との合成写像も ω と表すことにする．任意の $\alpha \in \mathbb{Z}_p^{\times}$ に対し，

$$\alpha = \omega(\overline{\alpha}) \times \frac{\alpha}{\omega(\overline{\alpha})}, \quad \omega(\overline{\alpha}) \in \mu_{\varphi(q)}(\mathbb{Q}_p), \quad \frac{\alpha}{\omega(\overline{\alpha})} \in 1 + q\mathbb{Z}_p$$

であるので，

$$\mathbb{Z}_p^{\times} = \mu_{\varphi(q)}(\mathbb{Q}_p)(1 + q\mathbb{Z}_p)$$

が成り立つ．さらに，

$$\mu_{\varphi(q)}(\mathbb{Q}_p) \cap (1 + q\mathbb{Z}_p) = \{1\}$$

より $\mathbb{Z}_p^{\times} = \mu_{\varphi(q)}(\mathbb{Q}_p) \times (1 + q\mathbb{Z}_p)$ である．定理 2.21 と同型 (2.9) から

$$\mathbb{Z}_p^{\times} = \mu_{\varphi(q)}(\mathbb{Q}_p) \times (1 + q\mathbb{Z}_p) \simeq \mathbb{Z}/\varphi(q)\mathbb{Z} \times \mathbb{Z}_p$$

も得られる.

(3) (1), (2) から得られる. □

2.7 p 進体の拡大

$\overline{\mathbb{Q}}_p$ を p 進体 $\mathbb{Q}_p$ の代数的閉包, F を $\overline{\mathbb{Q}}_p/\mathbb{Q}_p$ の中間体で, F 上有限次拡大であるものとする. $\mathbb{Q}_p$ 上の体の準同型写像 (単射である) を F の $\overline{\mathbb{Q}}_p$ への埋め込みといい, 記号

$$\sigma:\ F \hookrightarrow \overline{\mathbb{Q}}_p$$

で表す. $F/\mathbb{Q}_p$ は分離拡大であるから, F の $\overline{\mathbb{Q}}_p$ への埋め込みの数は拡大次数 $[F:\mathbb{Q}_p]$ に等しい. また, $F/\mathbb{Q}_p$ がガロア拡大ならば σ はガロア群 $\mathrm{Gal}(F/\mathbb{Q}_p)$ の元である. 写像

$$N:\ F \longrightarrow \mathbb{Q}_p, \quad \alpha \mapsto \prod_{\sigma: F \hookrightarrow \overline{\mathbb{Q}}_p} \alpha^{\sigma}$$

を F から $\mathbb{Q}_p$ へのノルムという. ノルムについての次の性質は簡単に確かめられる.

ノルムの性質

(1) $\alpha \in \mathbb{Q}_p$ ならば, $N(\alpha) = \alpha^{[F:\mathbb{Q}_p]}$ である.

(2) 任意の $\alpha, \beta \in F$ に対し, $N(\alpha\beta) = N(\alpha)N(\beta)$ である.

$\alpha \in \overline{\mathbb{Q}}_p$ とする. α を含む $\mathbb{Q}_p$ 上の有限次拡大体 F $(\subset \overline{\mathbb{Q}}_p)$ をとり (たとえば $F = \mathbb{Q}_p(\alpha)$),

$$|\alpha|_p = |N_{F/\mathbb{Q}_p}(\alpha)|_p^{1/[F:\mathbb{Q}_p]} \quad \in \mathbb{R}$$

と定める. $|\alpha|_p$ は α を含む有限次拡大体 F の選び方に依らないことが示せ, 写像

$$|\ \ |_p:\ \overline{\mathbb{Q}}_p \longrightarrow \mathbb{R}$$

が定まる. この写像に対し, 次のことが成り立つ.

(1) $\alpha \in \mathbb{Q}_p$ のとき，$|\alpha|_p$ は 2.4 節で定義した $\mathbb{Q}_p$ の p 進絶対値に等しい．

(2) $|\ \ |_p$ は $\overline{\mathbb{Q}}_p$ の非アルキメデス的絶対値である．すなわち，定義 2.2 の (1) ～ (4) および (3)$'$ をみたす．

$\overline{\mathbb{Q}}_p$ 上の p 進付値 v_p を次で定める．$\alpha \in \overline{\mathbb{Q}}_p^{\times}$ に対し，$v_p(\alpha)$ を等式

$$|\alpha|_p = p^{-v_p(\alpha)}$$

をみたす有理数とする．また，$v_p(0) = \infty$ と定義する．定義より，α を含む $\mathbb{Q}_p$ 上の有限次拡大体 F $(\subset \overline{\mathbb{Q}}_p)$ に対し，

$$v_p(\alpha) = \frac{1}{[F : \mathbb{Q}_p]} v_p(N_{F/\mathbb{Q}_p}(\alpha))$$

である．また，補題 2.10 の前で述べた有理数体 $\mathbb{Q}$ の非アルキメデス的絶対値の場合と同様に，次のことが成り立つ．

$$\begin{aligned} O &= \{a \in F \mid |a|_p \leqq 1\} \\ &\cup \\ \mathfrak{m} &= \{a \in F \mid |a|_p \lneqq 1\} \end{aligned}$$

とおくと，O は $\mathfrak{m}$ を極大イデアルとする局所環であり，積に関する可逆元全体 $O^{\times}$ は，

$$O^{\times} = \{a \in F \mid |a|_p = 1\}$$

で与えられる．

$\mathbb{Q}_p$ の代数的閉包 $\overline{\mathbb{Q}}_p$ は拡張された p 進絶対値 $|\ \ |_p$ から定まる距離 d_p に関し完備ではないことが知られている．2.3，2.4 節で距離空間 $(\mathbb{Q}, d_p)$ を完備化して p 進体 $\mathbb{Q}_p$ を構成した方法と同様に距離空間 $(\overline{\mathbb{Q}}_p, d_p)$ を完備化した体を $\mathbb{C}_p$ と表す．$\mathbb{C}_p$ に延長される距離 d_p に関し $\mathbb{C}_p$ は完備であり，$\mathbb{C}_p$ に延長される p 進絶対値 $|\ \ |_p : \mathbb{C}_p \to \mathbb{R}$ は非アルキメデス的である．さらに $\mathbb{C}_p$ は代数的閉体であることが知られている．

補題 2.25　距離空間 $(\mathbb{C}_p, d_p)$ における級数 $\sum_{n=k}^{\infty} \alpha_n$ $(k \in \mathbb{Z}, \alpha_n \in \mathbb{C}_p)$ が収束するための必要十分条件は，$\lim_{n\to\infty} |\alpha_n|_p = 0$ である．

証明 級数 $\sum_{n=k}^{\infty} \alpha_n$ が収束すると仮定する．整数 $m\ (\geqq k)$ に対し，

$$S_m = \sum_{n=k}^{m} \alpha_n$$

とおくと，数列 $\{S_m\}_{m \geqq k}$ はコーシー列である．よって，任意の正の実数 ε に対し，ある整数 N が存在して，

$$|S_m - S_{m-1}|_p < \varepsilon$$

が $m \geqq N$ をみたす任意の整数 m に対し成り立つ．よって，

$$|\alpha_m|_p = |S_m - S_{m-1}|_p < \varepsilon$$

から $\lim_{m\to\infty} |\alpha_m|_p = 0$ である．

逆に，$\lim_{n\to\infty} |\alpha_n|_p = 0$ と仮定する．任意の正の実数 ε を与える．$\lim_{n\to\infty} |\alpha_n|_p = 0$ より，ある整数 N が存在し，$|\alpha_n|_p < \varepsilon$ が $m \geqq N$ をみたす任意の整数 m に対し成り立つ．よって $m \geqq m' \geqq N$ をみたす整数 m, m' に対し，

$$\begin{aligned} |S_m - S_{m'}|_p &= |\alpha_{m'+1} + \alpha_{m'+2} + \cdots + \alpha_m|_p \\ &\leqq \max\{|\alpha_{m'+1}|_p, |\alpha_{m'+2}|_p, \cdots, |\alpha_m|_p\} \\ &< \varepsilon \end{aligned}$$

より，$\{S_m\}_{m \geqq k}$ はコーシー列である．距離空間 $(\mathbb{C}_p, d_p)$ は完備なので，

$$\sum_{n=k}^{\infty} \alpha_n = \lim_{m\to\infty} S_m$$

は $\mathbb{C}_p$ の元に収束する． □

乗法群 $\mathbb{C}_p^{\times}$ の構造について以下のことが成り立つ．

$\mathbb{C}_p^{\times}$ の構造

任意の $x \in \mathbb{C}_p^{\times}$ に対し，$r \in \mathbb{Q}$, $\zeta \in \mu_n(\mathbb{C}_p)$ $(p \nmid n)$, $x_1 \in \{s \in \mathbb{C}_p \mid |s-1|_p < 1\}$ が存在し，

$$x = p^r \zeta x_1$$

が成り立つ.

2つの代数的閉体 $\mathbb{C}$, $\mathbb{C}_p$ は同型であることが知られている. 以後有理数体の代数的閉包 $\overline{\mathbb{Q}}$ に対し, $\mathbb{C}_p$ への埋め込み $\overline{\mathbb{Q}} \hookrightarrow \mathbb{C}_p$ は以下の可換図式をみたすとする.

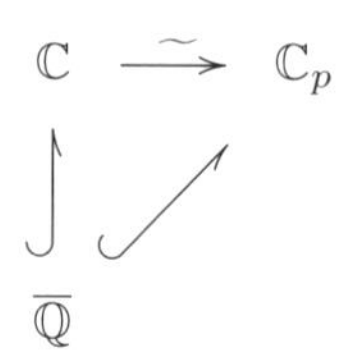

次に, 2.5 節で定義した p 進指数関数, p 進対数関数の定義域を拡張する. $x \in \mathbb{C}_p$ に対し,

$$\exp_p(x) = \sum_{n=0}^{\infty} \frac{x^n}{n!}$$

$$\log_p(x) = \sum_{n=1}^{\infty} \frac{(-1)^{n-1}}{n}(x-1)^n$$

と定義する. このとき, 次が成り立つ.

p 進指数関数と p 進対数関数の性質

(1) $x \in \mathbb{C}_p$ に対し, $\exp_p(x)$ は $|x|_p < p^{-1/(p-1)}$ において収束し, $\log_p(x)$ は $|x-1|_p < 1$ において収束する.

(2) $x \in \mathbb{C}_p$ に対し,

$$\begin{aligned} |x|_p < p^{-1/(p-1)} \ &\text{のとき} \ |1-\exp_p(x)|_p = |x|_p, \\ |x-1|_p < p^{-1/(p-1)} \ &\text{のとき} \ |\log_p(x)|_p = |x-1|_p \end{aligned} \tag{2.12}$$

が成り立つ.

(3) p 進指数関数, p 進対数関数は二つの群 $\{x \in \mathbb{C}_p \mid |x|_p < p^{-1/(p-1)}\}$ (加法群) と $\{y \in \mathbb{C}_p \mid |y-1|_p < p^{-1/(p-1)}\}$ (乗法群) の同型を与える連続写像であり, 互いに逆写像である.

$$\begin{array}{rcl} \{x \in \mathbb{C}_p \mid |x|_p < p^{-1/(p-1)}\} & \simeq & \{y \in \mathbb{C}_p \mid |y-1|_p < p^{-1/(p-1)}\} \\ x & \mapsto & \exp_p(x) \\ \log_p(y) & \leftarrow\!\shortmid & y \end{array} \tag{2.13}$$

任意の $s, x \in \mathbb{C}_p$，$|s|_p < qp^{-1/(p-1)}$ (>1)，$|x-1|_p \leqq |q|_p$ に対し，(2.12) から，

$$|s\log_p(x)|_p = |s|_p|\log_p(x)|_p < qp^{-1/(p-1)} \times q^{-1} = p^{-1/(p-1)}$$

であるから，$\exp_p(s\log(x))$ は収束する．

$$x^s = \exp_p(s\log_p(x)) \quad \in \mathbb{C}_p$$

と定義する．固定された $s \in \mathbb{C}_p$，$|s|_p < qp^{-1/(p-1)}$ に対し，写像

$$1 + q\mathbb{Z}_p \to \mathbb{Z}_p,\ x \mapsto x^s$$

は連続写像である．また任意の $s \in \mathbb{Z}_p$ と非負整数 n に対し，

$$\begin{aligned} \binom{s}{0} &= 1, \\ \binom{s}{n} &= \frac{1}{n!}\prod_{k=0}^{n-1}(s-k) \quad (n \geqq 1) \end{aligned}$$

とおく．s が正の整数のとき，

$$x^s = (1 + (x-1))^s = \sum_{n=0}^{\infty}\binom{s}{n}(x-1)^n \tag{2.14}$$

であることと，正の整数全体の集合は領域 $D = \{s \in \mathbb{C}_p \mid |s|_p < qp^{-1/(p-1)}\}$ において集積点をもつことから (2.14) は任意の $s \in D$ と $|x-1|_p \leqq |q|_p$ をみたす $x \in \mathbb{C}_p$ に対し成り立つ．

2.8 一般ベルヌーイ数のクラウゼン，フォンシュタウトの定理とヴィットの公式の証明

この節では，一般ベルヌーイ数に対するクラウゼン，フォンシュタウトの定理とヴィットの公式を紹介し，証明を与える．まず，ディリクレ指標を以下のように，分解する．p を素数，d を p で割れない正の整数とし，

$$q = \begin{cases} p & (p \neq 2 \text{ のとき}) \\ 4 & (p = 2 \text{ のとき}) \end{cases}$$

とおく．非負整数 n に対し，有限アーベル群の分解

$$(\mathbb{Z}/dqp^n\mathbb{Z})^\times \simeq (\mathbb{Z}/dq\mathbb{Z})^\times \times \langle 1+dq \rangle_{\mathbb{Z}}$$

（$\langle 1+dq \rangle_{\mathbb{Z}}$ は $1+dq$ が生成する $(\mathbb{Z}/dqp^n\mathbb{Z})^\times$ の位数 p^n の巡回部分群）より，すべてのディリクレ指標 χ は p で割れないある正の整数 d に対し，導手 d または dq のディリクレ指標

$$\theta : (\mathbb{Z}/dq\mathbb{Z})^\times \longrightarrow \mathbb{C}^\times$$

と導手 1 または qp^n $(n \geqq 1)$ のディリクレ指標

$$\psi : \langle 1+dq \rangle_{\mathbb{Z}} \longrightarrow \mathbb{C}^\times$$

の積に分解する．つまり，$\chi = \theta\psi$ が成り立つ．ψ は $\psi^{p^n} = \mathbf{1}$ をみたす指標である．このとき，θ を第一種の指標，ψ を第二種の指標という．

一般ベルヌーイ数に対するクラウゼン，フォンシュタウトの定理を示す[*1]．まず，

$$\begin{aligned} B_k(x) &= \sum_{\ell=0}^{k} (-1)^\ell \binom{k}{\ell} B_\ell x^{k-\ell} \\ &= B_0 x^k - \binom{k}{1} B_1 x^{k-1} + \binom{k}{2} B_2 x^{k-2} + \cdots + (-1)^k B_k \end{aligned}$$

より，

$$\begin{aligned} &(fp^N)^k B_k\left(\frac{a}{fp^N}\right) \\ &= a^k - \binom{k}{1} B_1 a^{k-1} fp^N + \binom{k}{2} B_2 a^{k-2} (fp^N)^2 + \cdots + (-1)^k B_k (fp^N)^k \end{aligned} \tag{2.15}$$

を得る．また補題 1.19 より，導手 f の原始的ディリクレ指標 χ に対し，

$$B_{k,\chi} = (fp^N)^{k-1} \sum_{a=1}^{fp^N} \chi(a) B_k\left(\frac{a}{fp^N}\right). \tag{2.16}$$

[*1] [Le]，[Car] 参照．

一般ベルヌーイ数に対するクラウゼン，フォンシュタウトの定理（定理 1.4）の類似は，以下で与えられる．

$\mathbb{Z}_{(p)} = \{xy^{-1} \mid x \in \mathbb{Z}, y \in \mathbb{Z} \setminus p\mathbb{Z}\}$ 上 χ の像で生成される環を $\mathbb{Z}_{(p)}[\mathrm{Im}\chi]$ とおく．

定理 2.26　$\chi = \theta\psi$（θ は第一種，ψ は第二種）を導手 f の原始的ディリクレ指標とし，$f \neq 1$（すなわち $\chi \neq \mathbf{1}$）と仮定する．また，k を非負整数とし，指標 χ は $\chi(-1) = (-1)^k$ をみたすとする（このとき，$B_{k,\chi} \neq 0$ である（定理 1.11））．

(1) $f = p^{\mu} f_0$, $\mu \geqq 0$, $p \nmid f_0$, $f_0 \neq 1$ のとき，

$$B_{k,\chi} \in \mathbb{Z}_{(p)}[\mathrm{Im}\chi]$$

が成り立つ．

(2) $f = p^{\mu}$, $\mu > 0$ とする．

(2-1) $p = 2$ のとき，

$$B_{k,\chi} \equiv \begin{cases} \dfrac{1}{2} & (f = 4 \text{ のとき}), \\ 0 & (f > 4 \text{ のとき}) \end{cases} \pmod{\mathbb{Z}_{(p)}[\mathrm{Im}\chi]}$$

が成り立つ．

(2-2) $p \neq 2$ かつ $\theta \neq \omega^{-k}$ のとき，

$$B_{k,\chi} \in \mathbb{Z}_{(p)}[\mathrm{Im}\chi]$$

が成り立つ．

(2-3) $p \neq 2$ かつ $\theta = \omega^{-k}$ のとき，

$$B_{k,\chi} \equiv \begin{cases} -\dfrac{1}{p} & (f = p \text{ のとき}), \\ -\dfrac{k}{\psi(1+p) - 1} & (f > p \text{ のとき}) \end{cases} \pmod{\mathbb{Z}_{(p)}[\mathrm{Im}\chi]}$$

が成り立つ．

証明　$k = 0$ のときは，補題 1.19 と $\chi \neq \mathbf{1}$ より，$B_{0,\chi} = 0$ から定理の主張が

成り立つことが分かる．以下，$k \geqq 1$ と仮定する．(2.15) より，

$$
\begin{aligned}
&(fp)^k B_k\left(\frac{a}{fp^N}\right) \\
&= a^k - \binom{k}{1} B_1 a^{k-1} fp + \binom{k}{2} B_2 a^{k-2} (fp)^2 + \cdots + (-1)^k B_k (fp)^k.
\end{aligned}
$$

$pB_n \in \mathbb{Z}_{(p)}$ を用いると，

$$
(fp)^{k-1} B_k\left(\frac{a}{fp}\right) \equiv \frac{1}{fp} a^k - \frac{k}{2} a^{k-1} \pmod{\mathbb{Z}_{(p)}}
$$

を得る．よって補題 1.19 から，

$$
\begin{aligned}
B_{k,\chi} &= (fp)^{k-1} \sum_{a=1}^{fp} \chi(a) B_k\left(\frac{a}{fp}\right) \\
&\equiv \sum_{a=1}^{fp} \left(\frac{1}{fp}\chi(a)a^k - \frac{k}{2}\chi(a)a^{k-1}\right) \pmod{\mathbb{Z}_{(p)}[\mathrm{Im}\chi]}
\end{aligned}
\tag{2.17}
$$

を得る．ここで，$p = 2$ とする．$2 \mid f$ のとき，

$$
\begin{aligned}
\sum_{a=1}^{2f} \chi(a)a^{k-1} &= \sum_{\substack{a=1 \\ (a,2f)=1}}^{2f} \chi(a)a^{k-1} \\
&\equiv \sum_{\substack{a=1 \\ (a,2f)=1}}^{2f} \chi(a) \\
&\equiv 0 \pmod{2\mathbb{Z}_{(p)}[\mathrm{Im}\chi]}
\end{aligned}
$$

である．$2 \nmid f$ のときも

$$
\begin{aligned}
\sum_{a=1}^{2f} \chi(a)a^{k-1} &\equiv \sum_{\substack{a=1 \\ (a,2f)=1}}^{2f} \chi(a)a^{k-1} \\
&\equiv \sum_{\substack{a=1 \\ (a,2f)=1}}^{2f} \chi(a) \\
&\equiv 0 \pmod{2\mathbb{Z}_{(p)}[\mathrm{Im}\chi]}
\end{aligned}
$$

となる．よって，(2.17) より，

$$
B_{k,\chi} \equiv \frac{1}{fp} \sum_{a=1}^{fp} \chi(a)a^k \pmod{\mathbb{Z}_{(p)}[\mathrm{Im}\chi]} \tag{2.18}
$$

を得る．

$p \nmid f$ のとき，群の同型 $\mathbb{Z}/fp\mathbb{Z} \simeq \mathbb{Z}/f\mathbb{Z} \times \mathbb{Z}/p\mathbb{Z}$ より，

$$\sum_{a=1}^{fp} \chi(a)a^k \equiv \sum_{a=1}^{f} \chi(a) \sum_{b=1}^{p} b^k \equiv 0 \pmod{p\mathbb{Z}_{(p)}[\mathrm{Im}\chi]}$$

から，$B_{k,\chi} \in \mathbb{Z}_{(p)}[\mathrm{Im}\chi]$ である．

以下，$p \mid f$ のときを考える．(2.18) を得た計算と同様に，次の合同式を得る．

$$B_{k,\chi} \equiv \frac{1}{f} \sum_{a=1}^{f} \chi(a)a^k \pmod{\mathbb{Z}_{(p)}[\mathrm{Im}\chi]} \tag{2.19}$$

(1) $f = p^\mu f_0$, $\mu > 0$, $p \nmid f_0$, $f_0 \neq 1$ とする．任意の $a \in (\mathbb{Z}/f\mathbb{Z})^\times$ に対し，次の条件をみたす $b, c \in (\mathbb{Z}/f\mathbb{Z})^\times$ が存在する．

$$\begin{aligned} b &\equiv 1 \pmod{p^\mu}, \quad b \equiv a \pmod{f_0} \\ c &\equiv a \pmod{p^\mu}, \quad c \equiv 1 \pmod{f_0} \end{aligned}$$

これら $b, c \in (\mathbb{Z}/f\mathbb{Z})^\times$ に対し，$a \equiv bc \pmod{f}$ が成り立つ．よって，

$$\sum_{a=1}^{f} \chi(a)a^k \equiv \sum_{\substack{c \in (\mathbb{Z}/p^\mu\mathbb{Z})^\times \\ c \equiv 1 \ (\mathrm{mod}\ f_0)}} \chi(c)c^k \sum_{\substack{b \in (\mathbb{Z}/f\mathbb{Z})^\times \\ b \equiv 1 \ (\mathrm{mod}\ p^\mu)}} \chi(b) \pmod{p^\mu\mathbb{Z}_{(p)}[\mathrm{Im}\chi]} \tag{2.20}$$

を得る．χ は導手 $f = p^\mu f_0$ の原始的ディリクレ指標なので，

$$\alpha \equiv 1 \pmod{p^\mu}, \quad \chi(\alpha) \neq 1$$

をみたす $\alpha \in (\mathbb{Z}/f\mathbb{Z})^\times$ が存在する．この α に対し，

$$(1 - \chi(\alpha)) \sum_{\substack{b \in (\mathbb{Z}/f\mathbb{Z})^\times \\ b \equiv 1 \ (\mathrm{mod}\ p^\mu)}} \chi(b) = 0$$

から，

$$\sum_{\substack{b \in (\mathbb{Z}/f\mathbb{Z})^\times \\ b \equiv 1 \ (\mathrm{mod}\ p^\mu)}} \chi(b) = 0$$

である．(2.19)，(2.20) より，$B_{k,\chi} \in \mathbb{Z}_{(p)}[\mathrm{Im}\chi]$ を得る．

(2) $f = p^\mu$, $\mu > 0$ とする．χ が原始的であることから $p = 2$ のときは $\mu \geqq 2$ である．$T_{k,\chi}, R_{k,\chi} \in \mathbb{Z}_{(p)}[\mathrm{Im}\chi]$ を次のように定義する．

$$T_{k,\chi} = \begin{cases} 2 & (p = 2 \text{ のとき}), \\ \sum_{b=1}^{p} \theta(b) b^{kp^{\mu-1}} & (p \neq 2 \text{ のとき}) \end{cases}$$

$$R_{k,\chi} = \sum_{\substack{a=1 \\ a \equiv 1 \pmod{q}}}^{f} \chi(a) a^k$$

このとき，以下の合同式が成り立つことを示す．

$$\sum_{a=1}^{f} \chi(a) a^k \equiv T_{k,\chi} R_{k,\chi} \pmod{f\mathbb{Z}_{(p)}[\mathrm{Im}\chi]} \tag{2.21}$$

$p = 2$ のとき，

$$\begin{aligned} \sum_{a=1}^{f} \chi(a) a^k &= \sum_{\substack{a=1 \\ a \equiv 1 \pmod{q}}}^{f} \chi(a) a^k + \sum_{\substack{a=1 \\ a \equiv -1 \pmod{q}}}^{f} \chi(a) a^k \\ &\equiv \sum_{\substack{a=1 \\ a \equiv 1 \pmod{q}}}^{f} \chi(a) a^k + \sum_{\substack{a=1 \\ a \equiv 1 \pmod{q}}}^{f} \chi(-a)(-a)^k \pmod{f\mathbb{Z}_{(p)}[\mathrm{Im}\chi]} \\ &\equiv (1 + (-1)^k \chi(-1)) \sum_{\substack{a=1 \\ a \equiv 1 \pmod{q}}}^{f} \chi(a) a^k \\ &\equiv 2 \sum_{\substack{a=1 \\ a \equiv 1 \pmod{q}}}^{f} \chi(a) a^k \\ &\equiv T_{k,\chi} R_{k,\chi} \pmod{f\mathbb{Z}_{(p)}[\mathrm{Im}\chi]} \end{aligned}$$

より，(2.21) は成り立つ．

$p \neq 2$ のとき．群の同型

$$\begin{aligned} (\mathbb{Z}/f\mathbb{Z})^\times &\simeq (\mathbb{Z}/p\mathbb{Z})^\times \times \langle 1 + p \rangle_{\mathbb{Z}} \\ &\simeq \mathbb{Z}/(p-1)\mathbb{Z} \times \mathbb{Z}/p^{\mu-1}\mathbb{Z} \end{aligned}$$

より，任意の $a \in (\mathbb{Z}/f\mathbb{Z})^\times$ に対し，次の条件をみたす $b, c \in (\mathbb{Z}/f\mathbb{Z})^\times$ が存在する．

$$a \equiv b^{p^{\mu-1}} c \pmod{f}, \quad 1 \leqq b \leqq p-1, \quad c \equiv 1 \pmod{p}$$

よって，

$$\sum_{a=1}^{f} \chi(a) a^k \equiv \sum_{b=1}^{p} \chi(b)^{p^{\mu-1}} b^{kp^{\mu-1}} \sum_{\substack{c=1 \\ c \equiv 1 \pmod{p}}}^{p^\mu} \chi(c) c^k \pmod{f\mathbb{Z}_{(p)}[\mathrm{Im}\chi]}$$

$$\equiv T_{k,\chi}R_{k,\chi}$$

より，(2.21) は成り立つ．次に以下の合同式を示す．

$$\frac{1}{f}R_{k,\chi} \equiv \begin{cases} \dfrac{1}{f} & (f=q \text{ のとき}), \\ \dfrac{k}{\psi(1+q)-1} & (f>q \text{ のとき}) \end{cases} \pmod{\mathbb{Z}_{(p)}[\mathrm{Im}\chi]} \tag{2.22}$$

$f=q$ のとき，

$$R_{k,\chi} \equiv 1 \pmod{f\mathbb{Z}_{(p)}[\mathrm{Im}\chi]}$$

より，(2.22) は成り立つ．

$f>q$ のとき，

$$\begin{aligned} R_{k,\chi} &= \sum_{\substack{a=1 \\ a\equiv 1 \ (\mathrm{mod}\ q)}}^{f} \chi(a)a^k \\ &\equiv \sum_{\nu=0}^{fq^{-1}-1} \psi(1+q)^{\nu}(1+q)^{k\nu} \\ &\equiv \frac{\{\psi(1+q)(1+q)^k\}^{fq^{-1}}-1}{\psi(1+q)(1+q)^k-1} \\ &\equiv \frac{(1+q)^{kfq^{-1}}-1}{\psi(1+q)(1+q)^k-1} \pmod{f\mathbb{Z}_{(p)}[\mathrm{Im}\chi]} \end{aligned} \tag{2.23}$$

である．さらに，

$$(1+q)^{kfq^{-1}}-1 \equiv kf \pmod{kfp\mathbb{Z}_{(p)}[\mathrm{Im}\chi]}$$

であり，$f>q$ から $\psi(1+q)\neq 1$ かつ $\psi(1+q)$ は 1 の原始 fq^{-1} (p のべき) 乗根であるから $|\psi(1+q)-1|_p > p^{-1}$ である．よって，

$$\psi(1+q)(1+q)^k-1 \equiv \psi(1+q)-1 \pmod{q\mathbb{Z}_{(p)}[\mathrm{Im}\chi]}$$

から，

$$\frac{1}{\psi(1+q)(1+q)^k-1} \equiv \frac{1}{\psi(1+q)-1} \pmod{\mathbb{Z}_{(p)}[\mathrm{Im}\chi]}$$

であるので，(2.23) から

$$R_{k,\chi} \equiv \frac{kf}{\psi(1+q)-1} \pmod{f\mathbb{Z}_{(p)}[\mathrm{Im}\chi]}$$

が得られ，(2.22) は成り立つ．(2.19)，(2.21)，(2.22) より，次の合同式を得る．

$$B_{k,\chi} \equiv \begin{cases} \dfrac{1}{f}T_{k,\chi} & (f = q \text{ のとき}), \\ \dfrac{k}{\psi(1+q)-1}T_{k,\chi} & (f > q \text{ のとき}) \end{cases} \pmod{\mathbb{Z}_{(p)}[\mathrm{Im}\chi]} \tag{2.24}$$

(2-1) $p = 2$ のとき．$T_{k,\chi} = 2$ であることと，

$$\frac{T_{k,\chi}}{\psi(1+q)-1} \in \mathbb{Z}_{(p)}[\mathrm{Im}\chi]$$

から定理の主張を得る．

(2-2) $p \neq 2$ かつ $\theta \neq \omega^{-k}$ のとき．

$$\begin{aligned} T_{k,\chi} &= \sum_{b=1}^{p} \theta(b) b^{kp^{\mu-1}} \\ &\equiv \sum_{b=1}^{p} \theta(b) b^{k} \\ &\equiv \sum_{b=1}^{p} \theta\omega^{k}(b) \\ &\equiv 0 \pmod{p\mathbb{Z}_{(p)}[\mathrm{Im}\chi]} \end{aligned} \tag{2.25}$$

よって，$f = q\ (= p)$ のとき，

$$B_{k,\chi} \equiv \frac{1}{f}T_{k,\chi} \equiv 0 \pmod{\mathbb{Z}_{(p)}[\mathrm{Im}\chi]}$$

から $B_{k,\chi} \in \mathbb{Z}_{(p)}[\mathrm{Im}\chi]$ である．

$f > q\ (= p)$ のとき，

$$|\psi(1+q)-1|_p > p^{-1}$$

であることと，(2.25) から，

$$\frac{T_{k,\chi}}{\psi(1+q)-1} \in \mathbb{Z}_{(p)}[\mathrm{Im}\chi]$$

である．よって，

$$B_{k,\chi} \equiv \frac{k}{\psi(1+q)-1} T_{k,\chi} \pmod{\mathbb{Z}_{(p)}[\mathrm{Im}\chi]}$$

から，$B_{k,\chi} \in \mathbb{Z}_{(p)}[\mathrm{Im}\chi]$ である．

(2-3) $p \neq 2$ かつ $\theta = \omega^{-k}$ のとき．

$$\begin{aligned} T_{k,\chi} &= \sum_{b=1}^{p} \theta(b) b^{kp^{\mu-1}} \\ &\equiv \sum_{b=1}^{p-1} \theta\omega^k(b) \\ &\equiv p-1 \equiv -1 \pmod{p\mathbb{Z}_{(p)}[\mathrm{Im}\chi]} \end{aligned} \tag{2.26}$$

よって，$f = q\ (= p)$ のとき，

$$B_{k,\chi} \equiv \frac{1}{f} T_{k,\chi} \equiv -\frac{1}{p} \pmod{\mathbb{Z}_{(p)}[\mathrm{Im}\chi]}$$

である．

$f > q\ (= p)$ のとき，(2.26) から，

$$\begin{aligned} B_{k,\chi} &\equiv \frac{k}{\psi(1+q)-1} T_{k,\chi} \\ &\equiv -\frac{k}{\psi(1+q)-1} \pmod{\mathbb{Z}_{(p)}[\mathrm{Im}\chi]} \end{aligned}$$

である．□

定理 1.4，定理 2.26 より，次の系が従う．

系 1　χ を原始的ディリクレ指標とする．任意の素数 p と正の整数 k に対し，

$$pB_{k,\chi} \in \mathbb{Z}_{(p)}[\mathrm{Im}\chi]$$

が成り立つ．

また，(2.15)，系 1 から，次の主張を得る．

系 2　χ を導手 f の原始的ディリクレ指標，k を非負整数とする．$\mathbb{Q}_p(\mathrm{Im}\chi)$ において，

$$\lim_{N\to\infty}\sum_{a=1}^{fp^N}\chi(a)a^k = 0$$

が成り立つ.

次の一般ベルヌーイ数に対するヴィットの公式は, (2.15), (2.16), および系 2 から得られる.

定理 2.27　χ を導手 f の原始的ディリクレ指標とする. $\mathbb{Q}_p(\mathrm{Im}\chi)$ において, 次の等式が成り立つ.

$$B_{k,\chi} = \lim_{N\to\infty}\frac{1}{fp^N}\sum_{a=1}^{fp^N}\chi(a)a^k$$

第3章

p進ゼータ関数とp進L関数の構成(1)
——久保田−レオポルドの方法

この章では，久保田，レオポルドの p 進ゼータ関数，p 進 L 関数の定義を紹介する*1．第1章で紹介したように関孝和，ヤコブ・ベルヌーイからオイラー，リーマンらの研究によって受け継がれてきた複素数体上のゼータ関数，L 関数の特殊値は素数に関する不思議な性質をもつ．久保田，レオポルドはこれらの性質をもとに通常の距離とは異なる p 進距離をもつ p 進体上に有理型関数を構成した．複素数体上のゼータ関数，L 関数の特殊値がもつ p 進的現象は，この p 進体上の有理型関数の情報が複素数体と p 進体の共通世界に現れていると捉えることができる．まず，p 進有理型関数，p 進正則関数の定義を述べ，一致の定理を紹介する．

定義 3.1 f を $\mathbb{C}_p$ 内の領域 $\mathfrak{D}$ 上で定義された関数とする．任意の $\alpha\ (\in \mathfrak{D})$ に対し，α の近傍 $\mathfrak{D}_\alpha\ (\subset \mathfrak{D})$ がとれ，任意の $s \in \mathfrak{D}_\alpha \setminus \{\alpha\}$ に対し，収束するローラン級数

$$f(s) = \sum_{n=k}^{\infty} a_n (s-\alpha)^n, \quad (k \in \mathbb{Z},\ a_n \in \mathbb{C}_p)$$

で表せるとき，f を p **進有理型関数**という．また，$k \geqq 0$ でとれるとき，f は α において p **進正則**であるという．さらに，$a_k \neq 0$ かつ $k < 0$ のとき，α を f の $|k|$ 位の極，a_{-1} を α における**留数**という．

$\mathbb{C}_p$ 上の正則関数は集積点をもつ集合上で定まる．

定理 3.2（一致の定理） f, g を $\mathbb{C}_p$ 内の領域 $\mathfrak{D}$ 上で正則な関数とする．$\mathfrak{D}$ 内に集積点をもつ集合 $E\ (\subset \mathfrak{D})$ 上で $f(s) = g(s)$ をみたすならば，$\mathfrak{D}$ 上で $f(s) = g(s)$ が成り立つ．

---

*1 原論文は，“Eine p-adische Theorie der Zetawerte, Teil I: Einführung der p-adischen Dirichletschen L-Funktionen” [KL].

証明　$\alpha \in \mathfrak{D}$ を集積点とし，$(\alpha_j)_{j \geqq 1}$ $(\subset E)$ を α に収束する $\mathbb{C}_p$ の数列とする．f, g は $\mathfrak{D}$ 上正則なので，

$$f(s) - g(s) = \sum_{n=k}^{\infty} a_n (s - \alpha)^n, \ (k \in \mathbb{Z},\ k \geqq 0,\ a_n \in \mathbb{C}_p)$$

と表せる．$f(a) \neq g(s)$ と仮定し，

$$n_0 = \min\{n \mid a_n \neq 0\}$$

とおく．

$$f(s) - g(s) = (s - \alpha)^{n_0} \sum_{n=0}^{\infty} a_{n+n_0} (s - \alpha)^n$$

であり，仮定から f, g は E 上で等しい値をとるので，任意の α_j $(\neq \alpha)$ に対し，

$$\sum_{n=0}^{\infty} a_{n+n_0} (\alpha_j - \alpha)^n = 0$$

である．よって，$j \to \infty$ を考えることによって，

$$a_{n_0} = \lim_{j \to \infty} \sum_{n=0}^{\infty} a_{n+n_0} (\alpha_j - \alpha)^n = 0$$

を得るが，これは $a_{n_0} \neq 0$ に矛盾．□

χ を導手 f の原始的ディリクレ指標とする．一般ベルヌーイ数に対するヴィットの公式（定理 2.27）より，任意の正の整数 n に対し，$\mathbb{Q}_p(\mathrm{Im}\chi)$ において，

$$\begin{aligned} B_{n,\chi\omega^{-n}} &= \lim_{N \to \infty} \frac{1}{fp^N} \sum_{a=1}^{fp^N} \chi\omega^{-n}(a) a^n \\ &= \lim_{N \to \infty} \frac{1}{fp^N} \left\{ \sum_{\substack{a=1 \\ (a,p)=1}}^{fp^N} \chi\omega^{-n}(a) a^n + \sum_{b=1}^{fp^{N-1}} \chi\omega^{-n}(pb)(pb)^n \right\} \\ &= \lim_{N \to \infty} \frac{1}{fp^N} \sum_{\substack{a=1 \\ (a,p)=1}}^{fp^N} \chi\omega^{-n}(a) a^n + \chi\omega^{-n}(p) p^{n-1} B_{n,\chi\omega^{-n}} \end{aligned}$$

である．よって，

$$-(1 - \chi\omega^{-n}(p) p^{n-1}) \frac{B_{n,\chi\omega^{-n}}}{n} = -\frac{1}{n} \lim_{N \to \infty} \frac{1}{fp^N} \sum_{\substack{a=1 \\ (a,p)=1}}^{fp^N} \chi\omega^{-n}(a) a^n$$

$$= -\frac{1}{n} \lim_{N\to\infty} \frac{1}{fp^N} \sum_{\substack{a=1 \\ (a,p)=1}}^{fp^N} \chi(a)\langle a\rangle^n \tag{3.1}$$

を得る．$\mathbb{C}_p$ の領域 D を

$$\begin{aligned} D &= \{s \in \mathbb{C}_p \mid |s|_p < qp^{-1/(p-1)}\} \\ &= \{s \in \mathbb{C}_p \mid |1-s|_p < qp^{-1/(p-1)}\} \end{aligned}$$

とおく．(3.1) の右辺は任意の $s \in D$ に対し，n を $1-s$ に置き換えても意味をもつ (2.7 節参照)．久保田，レオポルドは χ に付随する p 進 L 関数 $L_p(s,\chi)$ を (3.1) 右辺の n を $1-s$ で置き換えた D 上の関数で定義した．

定義 3.3 導手 f の原始的ディリクレ指標 χ に対し，

$$L_p(s,\chi) = \frac{1}{s-1} \lim_{N\to\infty} \frac{1}{fp^N} \sum_{\substack{a=1 \\ (a,p)=1}}^{fp^N} \chi(a)\langle a\rangle^{1-s}$$

を χ に付随する p 進 L 関数という．特に $\chi = \mathbf{1}$ $(f=1)$ のとき，$L_p(s,\mathbf{1}) = \zeta_p(s)$ を p 進ゼータ関数という．

p 進 L 関数は，領域 $D = \{s \in \mathbb{C}_p \mid |s|_p < qp^{-1/(p-1)}\}$ 上で収束し，以下のような性質をもつ．

定理 3.4 χ を導手 f の原始的ディリクレ指標とする．任意の $s \in D$ に対し，

$$L_p(s,\chi) = \frac{1}{s-1} \lim_{N\to\infty} \frac{1}{fp^N} \sum_{\substack{a=1 \\ (a,p)=1}}^{fp^N} \chi(a)\langle a\rangle^{1-s}$$

は $\mathbb{C}_p$ において収束し，次の性質をもつ．

(1) 任意の正の整数 n に対し，

$$L_p(1-n,\chi) = -(1-\chi\omega^{-n}(p)p^{n-1})\frac{B_{n,\chi\omega^{-n}}}{n}$$

が成り立つ．

(1) p 進 L 関数は D 上において，

$$L_p(s,\chi) = \sum_{n=-1}^{\infty} \alpha_n (s-1)^n \quad (\alpha_n \in \mathbb{C}_p)$$

とローラン展開され，

$$\alpha_{-1} = \begin{cases} 0 & (\chi \neq \mathbf{1} \text{ のとき}), \\ 1 - \dfrac{1}{p} & (\chi = \mathbf{1} \text{ のとき}) \end{cases}$$

が成り立つ．よって特に以下のことが成り立つ．

(2-1) $L_p(s,\chi)$ $(\chi \neq \mathbf{1})$ は D 上の p 進正則関数である．

(2-2) $L_p(s,\mathbf{1})$ は $D \setminus \{1\}$ 上で p 進正則であり，$s=1$ において留数 $1-1/p$ の 1 位の極をもつ．

負の整数全体の集合は集積点をもつので，定理 3.2（一致の定理）から定理 3.4 の（1）をみたす p 進有理型関数は唯一つであることが分かる．また，$\chi(-1)=-1$ のとき，任意の正の整数 n に対し，$\chi\omega^{-n}(-1) \neq (-1)^n$ より，定理 1.11 から $B_{n,\chi\omega^{-n}} = 0$（$\chi = \omega$ のときは $n \neq 1$ とする）となるので，定理 3.2（一致の定理）より，奇指標 χ に対する p 進 L 関数 $L_p(s,\chi)$ は零関数である．定理 3.4 の（1）は (3.1) よりただちに従う．以下，$L_p(s,\chi)$ が D 上収束することと（2）を証明する．

$$q = \begin{cases} p & (p \neq 2 \text{ のとき}) \\ 4 & (p = 2 \text{ のとき}), \end{cases}$$

$$\mathfrak{U} = \{u \in \mathbb{C}_p \mid |u-1|_p \leqq |q|_p\}$$

とおく．$\mathbb{C}_p$ 上のベクトル空間 $\mathfrak{F}$ を

$$\mathfrak{F} = \left\{ \sum_{n \geqq 0} a_n (u-1)^n \;\middle|\; a_n \in \mathbb{C}_p,\ \mathfrak{U} \text{ において収束} \right\}$$

と定義する．$\mathfrak{F}$ の元 $A(u) = \sum_{n \geqq 0} a_n (u-1)^n$ は $u = q+1$ において収束することから，$\lim_{n\to\infty} |a_n q^n|_p = 0$ である．よって非負実数 $\max_{n \geqq 0} |a_n q^n|_p$ が存在するので，

$$||A|| = \max_{n \geqq 0} |a_n q^n|_p$$

と定める．写像

$$|| \quad || : \mathfrak{F} \to \mathbb{R}, \quad ||A|| = \max_{n \geqq 0} |a_n q^n|_p$$

は次の性質をみたす．

補題 3.5　$A, B \in \mathfrak{F}$, $c \in \mathbb{C}_p$ とする．

(1) $||A|| \geqq 0$ であり，$||A|| = 0$ となるための必要十分条件は $A = 0$ である．

(2) $||cA|| = |c|_p ||A||$

(3) $||A + B|| \leqq \max\{||A||, ||B||\}$

(4) $||AB|| = ||A|| ||B||$

証明　(3)，(4) のみ示す．

(3) $A = \sum_{n \geqq 0} a_n (u-1)^n$, $B = \sum_{n \geqq 0} b_n (u-1)^n$ とおくと，

$$A + B = \sum_{n \geqq 0} (a_n + b_n)(u-1)^n$$

であるから，ある非負整数 n_0 に対し，

$$\begin{aligned} ||A + B|| &= \max_{n \geqq 0} |(a_n + b_n) q^n|_p \\ &= |(a_{n_0} + b_{n_0}) q^{n_0}|_p \\ &\leqq \max\{|a_{n_0} q^{n_0}|_p, |b_{n_0} q^{n_0}|_p\} \\ &\leqq \max\{||A||, ||B||\} \end{aligned}$$

である．

(4) $A = \sum_{n \geqq 0} a_n (u-1)^n$, $B = \sum_{n \geqq 0} b_n (u-1)^n$ に対し，

$$AB = \sum_{\ell \geqq 0} \sum_{0 \leqq n \leqq \ell} a_n b_{\ell - n} (u-1)^\ell$$

であるから，

$$\begin{aligned}
||AB|| &= \max_{\ell \geqq 0} \left| \sum_{0 \leqq n \leqq \ell} a_n b_{\ell - n} q^\ell \right|_p \\
&= \max_{\substack{\ell \geqq 0 \\ 0 \leqq n \leqq \ell}} |a_n b_{\ell-n} q^\ell|_p \\
&= \max_{\substack{n \geqq 0 \\ m \geqq 0}} |a_n b_m q^{n+m}|_p \\
&= \max_{n \geqq 0} |a_n q^n|_p \times \max_{m \geqq 0} |b_m q^m|_p \\
&= ||A||||B||
\end{aligned}$$

である．　□

$\mathfrak{F}$ の元 A と非負整数 k に対し，$A^{(k)}$ を k 次形式的微分，すなわち

$$A^{(k)}(u) = \sum_{n \geqq 0} \frac{(n+k)!}{n!} a_{n+k} (u-1)^n$$

とする．任意の非負整数 n に対し，

$$\left| \binom{n+k}{n} a_{n+k} q^{n+k} \right|_p \leqq |a_{n+k} q^{n+k}|_p \to 0 \quad (n \to \infty)$$

より，$\dfrac{q^k}{k!} A^{(k)} \in \mathfrak{F}$ である．また任意の $u \in \mathfrak{U}$ に対し，

$$\left| \frac{q^k}{k!} A^{(k)}(u) \right|_p \leqq \max_{n \geqq 0} |a_{n+k} q^{n+k}|_p \leqq ||A|| \tag{3.2}$$

が成り立つ．

導手 f の原始的ディリクレ指標 χ に対し，f と q の最小公倍数を $\overline{f}$ とおく．正の整数 n に対し，$\mathbb{C}_p$ 上のベクトル空間としての線形写像

$$\mathfrak{M}_\chi^n:\ \mathfrak{F} \to \mathbb{C}_p, \quad \mathfrak{M}_\chi^n(A) = \frac{1}{\overline{f} q^n} \sum_{\substack{x=1 \\ (x,p)=1}}^{\overline{f} q^n} \chi(x) A(\langle x \rangle)$$

を考える．

命題 3.6　(1) χ にのみ依存（A, n に依存しない）定数 $c_\chi^{(1)}, c_\chi^{(2)}$ が存在し，

$$|\mathfrak{M}_\chi^n(A)|_p \leqq c_\chi^{(1)}||A||,$$
$$|\mathfrak{M}_\chi^{n+1}(A) - \mathfrak{M}_\chi^n(A)|_p \leqq c_\chi^{(2)}||A|||\overline{f}q^{n-1}|_p$$

をみたす．

(2) 任意の $A \in \mathfrak{F}$ に対し，$(\mathfrak{M}_\chi^n(A))_{n\geqq 1}$ は収束する．

証明　(1) の後半の主張から，$(\mathfrak{M}_\chi^n(A))_{n\geqq 1}$ はコーシー列であるから，(2) の主張が従う．(1) を証明する．$A = 0$ のとき主張は明らかなので，$A \neq 0$ とする．

$$A(u) = \sum_{n\geqq 0} a_n(u-1)^n \quad (a_n \in \mathbb{C}_p)$$

とおく．m を正の整数，x を p で割れない正の整数，z を任意の整数，$u \in \mathfrak{U}$ とする．

$$u_0 = u - \omega^{-1}(x)\overline{f}q^m z \quad (\in \mathfrak{U})$$

に対し，形式的微分を考えることにより，次の等式が成り立つことが分かる．

$$A(u) = \sum_{n\geqq 0} \frac{A^{(n)}(u_0)}{n!}(u-u_0)^n \tag{3.3}$$

p で割れない整数 a に対し，$\langle a\rangle = a\,\omega^{-1}(a) \in \mathfrak{U}$ であり，$u = \langle x + \overline{f}q^m z\rangle$ とおくと，

$$\begin{aligned}
u_0 &= u - \omega^{-1}(x)\overline{f}q^m z \\
&= (x + \overline{f}q^m z)\,\omega^{-1}(x + \overline{f}q^m z) - \omega^{-1}(x)\overline{f}q^m z \\
&= (x + \overline{f}q^m z)\,\omega^{-1}(x) - \omega^{-1}(x)\overline{f}q^m z \\
&= \langle x\rangle
\end{aligned}$$

であるから，(3.3) より

$$A(\langle x + \overline{f}q^m z\rangle) = \sum_{n\geqq 0} \frac{A^{(n)}(\langle x\rangle)}{n!}\omega^{-n}(x)(\overline{f}q^m z)^n$$

である．よって，

$$\begin{aligned}
&\left|\sum_{z=0}^{q-1} A(\langle x+\overline{f}q^m z\rangle) - qA(\langle x\rangle)\right|_p \\
&\quad = \left|\sum_{n\geqq 0}\sum_{z=0}^{q-1} \frac{A^{(n)}(\langle x\rangle)}{n!}\omega^{-n}(x)(\overline{f}q^m z)^n - qA(\langle x\rangle)\right|_p \\
&\quad = \left|\sum_{n\geqq 1} \frac{A^{(n)}(\langle x\rangle)}{n!}\omega^{-n}(x)(\overline{f}q^m)^n \sum_{z=0}^{q-1} z^n\right|_p \\
&\quad \leqq \max_{n\geqq 1}\left|\frac{A^{(n)}(\langle x\rangle)}{n!}\omega^{-n}(x)(\overline{f}q^m)^n \sum_{z=0}^{q-1} z^n\right|_p
\end{aligned}$$

を得る．一方，正の整数 n に対し，(3.2) と $\sum_{z=0}^{q-1} z^n \equiv 0 \pmod p$ から

$$\begin{aligned}
\left|\frac{A^{(n)}(\langle x\rangle)}{n!}\omega^{-n}(x)(\overline{f}q^m)^n \sum_{z=0}^{q-1} z^n\right|_p &= \left|\frac{A^{(n)}(\langle x\rangle)}{n!}q^n\right|_p \left|(\overline{f}q^{m-1})^n \sum_{z=0}^{q-1} z^n\right|_p \\
&\leqq ||A|||\overline{f}pq^{m-1}|_p
\end{aligned}$$

であるから，

$$\left|\sum_{z=0}^{q-1} A(\langle x+\overline{f}q^m z\rangle) - qA(\langle x\rangle)\right|_p \leqq ||A|||\overline{f}pq^{m-1}|_p \tag{3.4}$$

である．

（1）前半の主張を示す．

$$\begin{aligned}
&|\overline{f}q^{m+1}(\mathfrak{M}_\chi^{m+1}(A) - \mathfrak{M}_\chi^m(A))|_p \\
&= \left|\sum_{\substack{x=1\\(x,p)=1}}^{\overline{f}q^{m+1}} \chi(x)A(\langle x\rangle) - q\sum_{\substack{x=1\\(x,p)=1}}^{\overline{f}q^m} \chi(x)A(\langle x\rangle)\right|_p \\
&= \left|\sum_{\substack{x=1\\(x,p)=1}}^{\overline{f}q^m}\sum_{z=0}^{q-1} \chi(x+\overline{f}q^m z)A(\langle x+\overline{f}q^m z\rangle) - q\sum_{\substack{x=1\\(x,p)=1}}^{\overline{f}q^m} \chi(x)A(\langle x\rangle)\right|_p \\
&= \left|\sum_{\substack{x=1\\(x,p)=1}}^{\overline{f}q^m} \chi(x)\left\{\sum_{z=0}^{q-1} A(\langle x+\overline{f}q^m z\rangle) - qA(\langle x\rangle)\right\}\right|_p \\
&\leqq ||A||\ |\overline{f}pq^{m-1}|_p
\end{aligned}$$

である．ここで最後の不等式は（3.4）を用いて得られる．上記の不等式を $|\overline{f}q^{m+1}|_p$ で割ると，次の不等式が得られる．

$$|\mathfrak{M}_\chi^{m+1}(A) - \mathfrak{M}_\chi^m(A)|_p \leqq ||A|||pq^{-2}|_p$$

よって，

$$\begin{aligned}|\mathfrak{M}_\chi^n(A)|_p &= \left|\sum_{m=1}^{n-1}(\mathfrak{M}_\chi^{m+1}(A) - \mathfrak{M}_\chi^m(A)) + \mathfrak{M}_\chi^1(A)\right|_p \\ &\leqq \max\{||A||\ |pq^{-2}|_p, |\mathfrak{M}_\chi^1(A)|_p\} \end{aligned} \tag{3.5}$$

である．

$$\begin{aligned}|\mathfrak{M}_\chi^1(A)|_p &= \left|\frac{1}{\overline{f}q}\sum_{\substack{x=1\\(x,p)=1}}^{\overline{f}q}\chi(x)A(\langle x\rangle)\right|_p \\ &\leqq |(\overline{f}q)^{-1}|_p \max_{\substack{1\leqq x\leqq \overline{f}q\\(x,p)=1}} |A(\langle x\rangle)|_p \\ &\leqq |(\overline{f}q)^{-1}|_p \max_{m\geqq 0}|a_m q^m|_p \\ &= |(\overline{f}q)^{-1}|_p||A||\end{aligned}$$

より

$$c_\chi^{(1)} = \max\{|pq^{-2}|_p, |(\overline{f}q)^{-1}|_p\}$$

とおくと（3.5）から

$$|\mathfrak{M}_\chi^n(A)|_p \leqq c_\chi^{(1)}||A||$$

を得る．

次に（1）の後半の主張を示す．まず，

$$\begin{aligned}\overline{f}q^{n+1}(\mathfrak{M}_\chi^{n+1}(A) - \mathfrak{M}_\chi^n(A)) &= \sum_{\substack{x=1\\(x,p)=1}}^{\overline{f}q^n}\chi(x)\left\{\sum_{z=0}^{q-1}A(\langle x+\overline{f}q^n z\rangle) - qA(\langle x\rangle)\right\} \\ &= \sum_{\substack{x=1\\(x,p)=1}}^{\overline{f}q^n}\chi(x)\sum_{m\geqq 1}\frac{A^{(m)}(\langle x\rangle)}{m!}\omega^{-m}(x)(\overline{f}q^n)^m\sum_{z=0}^{q-1}z^m\end{aligned} \tag{3.6}$$

を得る．$\dfrac{q^m}{m!}A^{(m)} \in \mathfrak{F}$ に対し，

$$\mathfrak{M}^n_{\chi\omega^{-m}}\left(\frac{q^m}{m!}A^{(m)}\right) = \frac{q^m}{m!} \times \frac{1}{\overline{f}q^n} \sum_{\substack{x=1 \\ (x,p)=1}}^{\overline{f}q^n} \chi\omega^{-m}(x)A^{(m)}(\langle x \rangle)$$

であり，前半の結果から $\chi\omega^{-m}$ にのみ依存する定数 $c^{(1)}_{\chi\omega^{-m}}$ が存在し，

$$\left| \mathfrak{M}^n_{\chi\omega^{-m}}\left(\frac{q^m}{m!}A^{(m)}\right)\right|_p \leqq c^{(1)}_{\chi\omega^{-m}} \left|\left|\frac{q^m}{m!}A^{(m)}\right|\right| \tag{3.7}$$

が成り立つ．

$$\begin{aligned}\left|\left|\frac{q^m}{m!}A^{(m)}\right|\right| &= \max_{n\geqq 0}\left|\binom{n+m}{n}a_{n+m}q^{n+m}\right|_p \\ &\leqq \max_{n\geqq 0}|a_{n+m}q^{n+m}|_p \\ &\leqq ||A||\end{aligned}$$

より（3.7）から，

$$\left|\mathfrak{M}^n_{\chi\omega^{-m}}\left(\frac{q^m}{m!}A^{(m)}\right)\right|_p \leqq c^{(1)}_{\chi\omega^{-m}}||A|| \tag{3.8}$$

である．よって（3.6），（3.8）より

$$c^{(2)}_{\chi} = \max_{m\geqq 1}\left\{\left| q^{-1}\overline{f}^{m-1}\sum_{z=0}^{q-1} z^m\right|_p \ c^{(1)}_{\chi\omega^{-m}}\right\}$$

とおくと，

$$\begin{aligned}&|\mathfrak{M}^{n+1}_{\chi}(A) - \mathfrak{M}^n_{\chi}(A)|_p \\ &\quad = \left|(\overline{f}q^{n+1})^{-1}\sum_{m\geqq 1}\overline{f}^{m+1}q^{nm+n-m}\mathfrak{M}^n_{\chi\omega^{-m}}\left(\frac{q^m}{m!}A^{(m)}\right)\sum_{z=0}^{q-1}z^m\right|_p \\ &\quad \leqq \max_{m\geqq 1}\left|\overline{f}^m q^{nm-m-1}\mathfrak{M}^n_{\chi\omega^{-m}}\left(\frac{q^m}{m!}A^{(m)}\right)\sum_{z=0}^{q-1}z^m\right|_p \\ &\quad \leqq \max_{m\geqq 1}\left\{c^{(1)}_{\chi\omega^{-m}}||A|| \left| \overline{f}^m q^{nm-m-1}\sum_{z=0}^{q-1}z^m\right|_p\right\} \\ &\quad \leqq c^{(2)}_{\chi}||A|| \ |\overline{f}q^{n-1}|_p\end{aligned}$$

を得る. □

任意の $A, B \in \mathfrak{F}$ に対し,

$$d(A, B) = ||A - B||$$

と定めると, 補題 3.5 より d は $\mathfrak{F}$ 上の距離を定める. すなわち, 次が成り立つ.

d の性質

$A, B, C \in \mathfrak{F}$ とする.

(1) $d(A, B) \geqq 0$. さらに $d(A, B) = 0$ となるための必要十分条件は $A = B$ である.

(2) $d(A, B) = d(B, A)$

(3) $d(A, C) \leqq d(A, B) + d(B, C)$

命題 3.6 より $\mathbb{C}_p$ 上のベクトル空間としての線形写像

$$\mathfrak{M}_\chi : \mathfrak{M} \to \mathbb{C}_p, \quad \mathfrak{M}_\chi(A) = \lim_{n\to\infty} \mathfrak{M}_\chi^n(A)$$

が定まる. 任意の正の実数 ε に対し, $\delta = \varepsilon / c_\chi^{(1)}$ とおくと, $||A - B|| < \delta$ をみたす任意の $A, B \in \mathfrak{F}$ に対し,

$$\begin{aligned} |\mathfrak{M}_\chi(A) - \mathfrak{M}_\chi(B)|_p &= |\mathfrak{M}_\chi(A - B)|_p \\ &\leqq c_\chi^{(1)} ||A - B|| \\ &< \varepsilon \end{aligned}$$

であるから, 写像 $\mathfrak{M}_\chi$ は一様連続である.

●定理 3.4 の証明

$|s|_p < qp^{-1/(p-1)}$ (このとき $|1 - s|_p < qp^{-1/(p-1)}$) をみたす $s \in \mathbb{C}_p$ を固定する. 任意の $u \in \mathfrak{U}$ に対し, 2.7 節の終わりで確認したように,

$$P_{1-s}(u) = u^{1-s} = \exp_p((1-s)\log_p(u)) = \sum_{n\geqq 0} \binom{1-s}{n} (u-1)^n$$

は収束する．よって $P_{1-s} \in \mathfrak{F}$ であり，命題 3.6（2）から

$$\mathfrak{M}_\chi(P_{1-s}) = \lim_{N\to\infty} \mathfrak{M}_\chi^N(P_{1-s})$$

は収束する．正の整数 N に対し，

$$\exp_{p,N}(x) = \sum_{n=0}^{N} \frac{x^n}{n!},$$

$$P_{1-s,N}(u) = \exp_{p,N}((1-s)\log_p(u)) \quad (\in \mathfrak{F})$$

とおく．$|1-s|_p < \nu < qp^{-1/(p-1)}$ をみたす実数 ν をとると，任意の非負整数 n に対し，

$$\begin{aligned} v_p(n!) &= \sum_{i=1}^{\infty} \left[\frac{n}{p^i}\right] \quad （[\quad] \text{はガウス記号}） \\ &\leqq \sum_{i=1}^{\infty} \frac{n}{p^i} = \frac{n}{p-1} \end{aligned}$$

より，$|1/n!|_p \leqq p^{n/(p-1)}$ であることと，$|\log_p(u)|_p = |u-1|_p$ より，

$$\begin{aligned} \left|\frac{(1-s)^n(\log_p(u))^n}{n!}\right|_p &\leqq p^{n/(p-1)} \times \nu^n \times q^{-n} \\ &= (\nu q^{-1} p^{1/(p-1)})^n \end{aligned}$$

である．$\widetilde{\nu} = \nu q^{-1} p^{1/(p-1)}$ とおくと，$\widetilde{\nu} < 1$ であり，任意の非負整数 n に対し，

$$\left|\frac{(1-s)^n(\log_p(u))^n}{n!}\right|_p \leqq \widetilde{\nu}^n$$

である．よって任意の $u \in \mathfrak{U}$ に対し，

$$\begin{aligned} |P_{1-s}(u) - P_{1-s,N}(u)|_p &= \left|\sum_{n=N+1}^{\infty} \frac{(1-s)^n(\log_p(u))^n}{n!}\right|_p \\ &\leqq \widetilde{\nu}^{N+1} \end{aligned}$$

であるから，数列 $(P_{1-s,N}(u))_{N\geqq 1}$ は $P_{1-s}(u)$ に一様収束する．したがって，固定された $s \in \mathbb{C}_p$，$|s|_p < qp^{-1/(p-1)}$ に対し $\mathbb{C}_p$ の数列 $(\mathfrak{M}_\chi(P_{1-s,N}))_{N\geqq 1}$ も $\mathfrak{M}_\chi(P_{1-s})$ に収束する．さらに $\mathfrak{M}_\chi$ は線形写像であるから，

$$\mathfrak{M}_\chi(P_{1-s,N}) = \sum_{n=0}^{N} \frac{\mathfrak{M}_\chi((\log_p(u))^n)}{n!}(1-s)^n$$

であるので,

$$\mathfrak{M}_\chi(P_{1-s}) = \sum_{n \geqq 0} \frac{\mathfrak{M}_\chi((\log_p(u))^n)}{n!}(1-s)^n \tag{3.9}$$

が成り立つ．この等式は $|s|_p < qp^{-1/(p-1)}$ をみたす任意の $s \in \mathbb{C}_p$ に対し成り立つので，領域 $D = \{s \in \mathbb{C}_p \mid |s|_p < qp^{-1/(p-1)}\}$ において $\mathfrak{M}_\chi(P_{1-s})$ は (3.9) の右辺の形にべき級数展開される．

$$\begin{aligned} L_p(s,\chi) &= \frac{1}{s-1} \lim_{N\to\infty} \frac{1}{fp^N} \sum_{\substack{a=1 \\ (a,p)=1}}^{fp^N} \chi(a)\langle a\rangle^{1-s} \\ &= \frac{1}{s-1} \lim_{n\to\infty} \frac{1}{\overline{f}q^n} \sum_{\substack{a=1 \\ (a,p)=1}}^{\overline{f}q^n} \chi(a) P_{1-s}(\langle a\rangle) \\ &= \frac{1}{s-1}\mathfrak{M}_\chi(P_{1-s}) \end{aligned}$$

かつ

$$\begin{aligned} \mathfrak{M}_\chi((\log_p(u))^0) &= \lim_{n\to\infty} \frac{1}{\overline{f}q^n} \sum_{\substack{a=1 \\ (a,p)=1}}^{\overline{f}q^n} \chi(a) \\ &= \begin{cases} 0 & (\chi \neq \mathbf{1} \text{ のとき}) \\ \lim_{n\to\infty} \dfrac{1}{\overline{f}q^n}(\overline{f}q^n - \overline{f}q^n p^{-1}) = 1 - \dfrac{1}{p} & (\chi = \mathbf{1} \text{ のとき}) \end{cases} \end{aligned}$$

であるので，定理 3.4 の主張が得られる． □

第4章

p進測度とp進積分

p 進 L 関数の構成法は前章の久保田，レオポルドの方法以外にいくつか知られている．この章では，次章で紹介する構成法に用いる p 進積分について解説する． p 進積分はリーマン積分と同様に，空間を分割することで得られる p 進リーマン和の分割を細分化した極限値で定義される．ここで各分割の大きさは p 進測度で与えられる．前章で与えられた p 進 L 関数の構成に用いる測度はベルヌーイ多項式から構成され，ベルヌーイ数の情報を多く含む．また，第 6 章で紹介する p 進測度と完備群環の対応により，p 進積分で定義された p 進 L 関数は代数的情報と結びつき，岩澤理論において中心的な役割を担う関数となる．

4.1　p 進分布と p 進測度

p を素数，d を p で割れない正の整数とし，

$$\mathscr{X} = \mathbb{Z}/d\mathbb{Z} \times \mathbb{Z}_p$$
$$\mathscr{X}^* = (\mathbb{Z}/d\mathbb{Z})^\times \times \mathbb{Z}_p^\times$$

とおく． $\mathbb{Z}/d\mathbb{Z}$ と $(\mathbb{Z}/d\mathbb{Z})^\times$ に離散位相，$\mathbb{Z}_p$ と $\mathbb{Z}_p^\times$ に p 進距離から定まる位相を入れ，直積位相を考えると，$\mathscr{X}$，$\mathscr{X}^*$ はコンパクト位相空間である．

補題 4.1　$\mathscr{X}$ の部分集合 $I = (c, b + p^N\mathbb{Z}_p)$ $(c, N \in \mathbb{Z},\ b \in \mathbb{Z}_p,\ N \geqq 0)$ に対し，$I = (a, a + p^N\mathbb{Z}_p)$，$0 \leqq a < dp^N$ をみたす整数 a が存在する．さらに $I \subset \mathscr{X}^*$ ならば，整数 a, N は $(a, dp) = 1$，$N \geqq 1$ をみたす．

証明　補題 2.18 より得られる環の同型 $\mathbb{Z}_p/p^N\mathbb{Z}_p \simeq \mathbb{Z}/p^N\mathbb{Z}$ から，$\mathbb{Z}_p/p^N\mathbb{Z}_p$ の元 $b + p^N\mathbb{Z}_p$ に対し，$b + p^N\mathbb{Z}_p = b_0 + p^N\mathbb{Z}_p$ をみたす整数 b_0 が存在する．さらに $p \nmid d$ より，$\mathbb{Z}/dp^N\mathbb{Z} \simeq \mathbb{Z}/d\mathbb{Z} \times \mathbb{Z}/p^N\mathbb{Z}$ が成り立つので，$a \equiv c \pmod{d}$，$a \equiv b_0 \pmod{p^N}$，$0 \leqq a < dp^N$ をみたす整数 a が存在する．このとき，$I = (c, b + p^N\mathbb{Z}_p) = (a, a + p^N\mathbb{Z}_p)$ である．

さらに，$I \subset \mathscr{X}^*$ と仮定すると，$N \geqq 1$ かつ $b \in \mathbb{Z}_p^\times$ である．よって，整数 b_0 は p で割れない．また，$c \in (\mathbb{Z}/d\mathbb{Z})^\times$ より $(c,d)=1$ である．整数 a は $a \equiv c \pmod{d}$，$a \equiv b_0 \pmod{p^N}$ をみたすので，$(a,dp)=1$ である．□

$N \geqq 0$，$0 \leqq a < dp^N$ をみたす整数 a, N に対し，$\mathscr{X}$ の部分集合 $(a, a+p^N\mathbb{Z}_p)$ を $I_{a,N}$ と表す:

$$I_{a,N} = (a, a+p^N\mathbb{Z}_p).$$

$\mathscr{X}$ の部分集合族 $\mathscr{I}$ と $\mathscr{X}^*$ の部分集合族 $\mathscr{I}^*$ を次で定める.

$$\mathscr{I} = \{I_{a,N} \mid a, N \in \mathbb{Z},\ 0 \leqq a < dp^N,\ N \geqq 0\}$$
$$\mathscr{I}^* = \{I_{a,N} \mid a, N \in \mathbb{Z},\ 0 \leqq a < dp^N,\ N \geqq 1,\ (a,dp)=1\}$$

補題 4.2　$I_{a,N} = (a, a+p^N\mathbb{Z}_p)$，$I_{b,N} = (b, b+p^N\mathbb{Z}_p) \in \mathscr{I}$ に対し，次の3条件は同値である.

(1) $I_{a,N} = I_{b,N}$

(2) $I_{a,N} \cap I_{b,N} \neq \varnothing$

(3) $a = b$

証明　(1) ⇒ (2)，(3) ⇒ (1) は明らか. (2) ⇒ (3) を示す．$I_{a,N} \cap I_{b,N} \neq \varnothing$ より，$I_{a,N} \cap I_{b,N}$ に含まれる元 x が存在する．$x \in I_{a,N}$ より，$x = (a, a+p^N s)$ をみたす $s \in \mathbb{Z}_p$ が存在する．さらに $x \in I_{b,N}$ より，

$$a \equiv b \pmod{d} \tag{4.1}$$

$$\text{ある } t \in \mathbb{Z}_p \text{ に対し，} a + p^N s = b + p^N t \tag{4.2}$$

である. (4.2) より，

$$a - b \in p^N(s-t) \in p^N\mathbb{Z}_p \cap \mathbb{Z} = p^N\mathbb{Z}. \tag{4.3}$$

(4.1)，(4.3) より，$a \equiv b \pmod{dp^N}$ が成り立つ.

$$0 \leqq a < dp^N, \qquad 0 \leqq b < dp^N$$

より，$a - b = 0$，すなわち $a = b$ を得る.　□

任意の $I_{a,N} \in \mathscr{I}$ は，以下のように細分化することができる．

補題 4.3 任意の $I_{a,N} \in \mathscr{I}$ と $M \geqq N$ をみたす任意の整数 M に対し，

$$I_{a,N} = \coprod_{0 \leqq k < p^{M-N}} I_{a+kdp^N, M}$$

$$I_{a+kdp^N, M} \in \mathscr{I}$$

が成り立つ．

注意 記号 $\coprod_k A_k$ は和が直和であること，すなわち $\bigcup_k A_k$ かつ $i \neq j$ ならば $A_i \cap A_j = \varnothing$ を表す．

証明 $0 \leqq k < p^{M-N}$ のとき，$0 \leqq a + kdp^N < dp^M$ より，

$$I_{a+kdp^N, M} = (a + kdp^N, (a + kdp^N) + p^M \mathbb{Z}_p) \in \mathscr{I}$$

である．次に，

$$I_{a,N} = \bigcup_{0 \leqq k < p^{M-N}} I_{a+kdp^N, M}$$

を示す．

$$I_{a,N} \supset \bigcup_{0 \leqq k < p^{M-N}} I_{a+kdp^N, M}$$

は明らか．$x = (a, a + p^N s)$ $(s \in \mathbb{Z}_p)$ を $I_{a,N}$ の任意の元とする．$x \in (a, (a + p^N s) + p^M \mathbb{Z}_p)$ である．補題 4.1 から，

$$(a, (a + p^N s) + p^M \mathbb{Z}_p) = (b, b + p^M \mathbb{Z}_p), \qquad 0 \leqq b < dp^M$$

をみたす整数 b が存在する．これより，

$$a \equiv b \pmod{d}, \qquad a \equiv b \pmod{p^N}$$

が成り立つので，$a \equiv b \pmod{dp^N}$ である．よって，

$$b = a + kdp^N, \qquad 0 \leqq k < p^{M-N}$$

をみたす整数 k が存在する．この k に対し，$x \in I_{a+kdp^N, M}$ が成り立つので，

$$I_{a,N} \subset \bigcup_{0 \leqq k < p^{M-N}} I_{a+kdp^N, M}$$

である．以上から，

$$I_{a,N} = \bigcup_{0 \leqq k < p^{M-N}} I_{a+kdp^N, M}$$

が成り立つ．右辺の和が直和であることは，補題 4.2 より従う．　□

任意の $\mathscr{X}^*$ のコンパクト開集合は，$\mathscr{I}^*$ の元の直和である．

補題 4.4　(1) 任意の $I_{a,N} \in \mathscr{I}^*$ に対し，$I_{a,N}$ は $\mathscr{X}^*$ のコンパクト開集合である．

(2) 任意の $\mathscr{X}^*$ のコンパクト開集合 U に対し，$U = I_1 \coprod \cdots \coprod I_n$ をみたす $I_1, \cdots, I_n \in \mathscr{I}^*$ が存在する．

証明　(1) 補題 2.16 (5) から，$a + p^N \mathbb{Z}_p$ は $\mathbb{Z}_p^\times$ の開かつ閉集合であるから，$I_{a,N}$ は $\mathscr{X}^*$ の開かつ閉集合である．$\mathscr{X}^*$ はコンパクトなので，$I_{a,N}$ は $\mathscr{X}^*$ のコンパクト開集合である．

(2) U を $\mathscr{X}^*$ の任意のコンパクト開集合とする．任意の U の元 $x = (c, s)$ に対し，U は開集合なので，

$$(c, s + p^{N_x}\mathbb{Z}_p) \subset U$$

をみたす正の整数 N_x が存在する．さらに補題 4.1 より，

$$(c, s + p^{N_x}\mathbb{Z}_p) = I_{a_x, N_x}, \quad 0 \leqq a_x < dp^{N_x}, \quad (a_x, dp) = 1$$

をみたす整数 a_x が存在する．$x \in I_{a_x, N_x}$ なので，

$$U = \bigcup_{x \in U} I_{a_x, N_x}$$

である．U はコンパクトなので，右辺の和は有限和に書き換えられる．すなわち，

$$U = \bigcup_{k=1}^{n} I_{a_k, N_k} \tag{4.4}$$

である．$M = \max\{N_k \mid k = 1, \cdots, n\}$ とおく．補題 4.3 より，(4.4) の右辺を分割し，次の形にできる．

$$U = \bigcup_{j=1}^{m} I_{b_j, M}, \quad 0 \leqq b_j < dp^M, \quad (b_j, dp) = 1 \tag{4.5}$$

補題 4.2 から $b_i \neq b_j$ のとき，$I_{b_i,M} \cap I_{b_j,M} = \varnothing$ なので，必要ならば $b_1, \cdots, b_m$ から重複を除くことによって，(4.5) は

$$U = I_1 \coprod \cdots \coprod I_n, \quad I_1, \cdots, I_n \in \mathscr{I}^*$$

と表せる． □

次に，$\mathscr{X}^*$ のコンパクト開集合の大きさを定める p 進測度を定義する．$\mathscr{X}^*$ 上の p 進測度とは，$\mathscr{X}^*$ のコンパクト開集合に対し，$\mathbb{C}_p$ の元を対応させる写像で有限加法性と有界性をみたすものである．

定義 4.5 写像

$$\mu : \{U \mid \mathscr{X}^* \text{ のコンパクト開集合} \} \longrightarrow \mathbb{C}_p$$

が次の性質をみたすとき，μ を $\mathscr{X}^*$ 上の p 進分布という．

$$U = U_1 \coprod \cdots \coprod U_n, \quad U_1, \cdots, U_n : \text{ コンパクト開集合}$$

ならば，

$$\mu(U) = \mu(U_1) + \cdots + \mu(U_n)$$

が成り立つ（この性質を有限加法性という）．

$\mathscr{X}^*$ 上の p 進分布は，以下の (4.6) をみたす $\mathscr{I}^*$ 上の写像と 1 対 1 に対応する．

定理 4.6 写像

$$\mu : \mathscr{I}^* \longrightarrow \mathbb{C}_p$$

が任意の $I_{a,N} \in \mathscr{I}^*$ に対し，

$$\mu(I_{a,N}) = \sum_{r=0}^{p-1} \mu(I_{a+rdp^N, N+1}) \tag{4.6}$$

をみたすとき，μ は $\mathscr{X}^*$ 上の p 進分布に一意的に拡張できる．

証明 U を $\mathscr{X}^*$ の任意のコンパクト開集合とする．補題 4.4 より，

$$U = I_1 \coprod \cdots \coprod I_n \tag{4.7}$$

をみたす $I_1, \cdots, I_n \in \mathscr{I}^*$ が存在する．このとき，

$$\mu(U) = \mu(I_1) + \cdots + \mu(I_n) \tag{4.8}$$

と定める．以下の (i), (ii), (iii) が成り立つことを示せばよい．

(i)　(4.8) の右辺の和が (4.7) の分解によらないこと．

(ii)　(4.8) で定めた μ が定義 4.5 の有限加法性をみたすこと．

(iii)　μ の拡張が一意的であること．

(i) コンパクト開集合 U の他の分解を

$$U = J_1 \coprod \cdots \coprod J_m, \quad J_1, \cdots, J_m \in \mathscr{I}^* \tag{4.9}$$

とする．

$$\begin{aligned}
&I_i = I_{a_i, N_i} = (a_i, a_i + p^{N_i}\mathbb{Z}_p), \\
&J_j = I_{b_j, M_j} = (b_j, b_j + p^{M_j}\mathbb{Z}_p), \\
&N_i, M_j \in \mathbb{Z}, \quad N_i, M_j \geqq 1, \\
&a_i, b_j \in \mathbb{Z}, \quad 0 \leqq a_i < dp^{N_i}, \quad 0 \leqq b_j < dp^{M_j}
\end{aligned}$$

とおく．

$$N = \max\{N_1, \cdots, N_n, M_1, \cdots, M_m\}$$

に対し，補題 4.3 を用いると，

$$\begin{aligned}
I_i = I_{a_i, N_i} &= \coprod_{0 \leqq k < p^{N-N_i}} I_{a_i + kdp^{N_i}, N} \quad (i = 1, \cdots, n), \\
J_j = I_{b_j, M_j} &= \coprod_{0 \leqq k < p^{N-M_j}} I_{b_j + kdp^{M_j}, N} \quad (j = 1, \cdots, m)
\end{aligned}$$

を得る．よって，(4.7), (4.9) から，

$$U = \coprod_{1 \leqq i \leqq n} \coprod_{0 \leqq k < p^{N-N_i}} I_{a_i + kdp^{N_i}, N} = \coprod_{1 \leqq j \leqq m} \coprod_{0 \leqq k < p^{N-M_j}} I_{b_j + kdp^{M_j}, N}$$

を得る．さらに上記 2 つの U の直和分解は，補題 4.2 から等しいことが分かる．よって，

$$\sum_{i=1}^{n} \mu(I_i) = \sum_{1 \leqq i \leqq n} \sum_{0 \leqq k < p^{N-N_i}} \mu(I_{a_i + kdp^{N_i}, N}) \tag{4.10}$$

$$\sum_{j=1}^{m}\mu(J_j)=\sum_{1\leqq j\leqq m}\ \sum_{0\leqq k<p^{N-M_j}}\mu(I_{b_j+kdp^{M_j},N}) \tag{4.11}$$

を示せば，(4.10)，(4.11) の右辺の和は等しいので，(4.8) の右辺が U の分解の仕方によらないことが分かる．(4.6) をくり返し用いると，

$$\mu(I_i)=\sum_{0\leqq k<p^{N-N_i}}\mu(I_{a_i+kdp^{N_i},N})$$

が成り立つので，(4.10) が得られる．(4.11) も同様に得られる．以上より，(4.8) の右辺の和は (4.7) の分解によらない．

(ii) U を $\mathscr{X}^*$ の任意のコンパクト開集合とし，

$$U=U_1\coprod\cdots\coprod U_n,\quad U_1,\cdots,U_n:\ \text{コンパクト開集合}$$

と仮定する．補題 4.4 から，$U_i=I_{i,1}\coprod\cdots\coprod I_{i,\ell_i}$ をみたす $I_{i,1},\cdots,I_{i,\ell_i}\in\mathscr{I}^*$ が存在する．よって，

$$U=U_1\coprod\cdots\coprod U_n=\coprod_{1\leqq i\leqq n}\ \coprod_{1\leqq k\leqq \ell_i}I_{i,k}$$

に対し，(4.8) を用いることにより，

$$\mu(U)=\sum_{1\leqq i\leqq n}\ \sum_{1\leqq k\leqq \ell_i}\mu(I_{i,k})=\sum_{1\leqq i\leqq n}\mu(U_i)$$

を得る．以上より，μ は有限加法性をみたす．

(iii) μ_1,μ_2 を μ の拡張とする．任意の $I\in\mathscr{I}^*$ に対し，$\mu_1(I)=\mu_2(I)$ であること，$\mathscr{X}^*$ の任意のコンパクト開集合は $\mathscr{I}^*$ の直和で表せること，および μ_1,μ_2 の有限加法性から，$\mu_1=\mu_2$ である． □

有界な p 進分布を p 進測度とよぶ．

定義 4.7 μ を $\mathscr{X}^*$ 上の p 進分布とする．ある正の実数 r が存在し，$\mathscr{X}^*$ の任意のコンパクト開集合 U に対し，$|\mu(U)|_p\leqq r$ をみたすとき，μ を $\mathscr{X}^*$ 上の p 進測度という．

次の補題は容易に示すことができる．

補題 4.8　μ, λ を $\mathscr{X}^*$ 上の p 進分布，$\alpha \in \mathbb{C}_p$ とする．$\mathscr{X}^*$ の任意のコンパクト開集合 U に対し，

$$(\mu + \lambda)(U) = \mu(U) + \lambda(U)$$
$$(\alpha\mu)(U) = \alpha\mu(U)$$

と定めると，$\mu + \lambda$, $\alpha\mu$ も $\mathscr{X}^*$ 上の p 進分布である．さらに，μ, λ が $\mathscr{X}^*$ 上の p 進測度ならば，$\mu + \lambda$, $\alpha\mu$ も $\mathscr{X}^*$ 上の p 進測度である．

証明　$\mu + \lambda$, $\alpha\mu$ の有限加法性，有界性は，μ と λ がこれらの性質をみたすことから従う．□

4.2　ベルヌーイ p 進分布

この節では，1.6 節で定義したベルヌーイ多項式 $B_k(x)$ $(\in \mathbb{Q}[x])$ を用いた p 進分布を定義する．k を非負整数とする．任意の $I_{a,N} \in \mathscr{I}$ に対し，

$$\mu_{B,k}(I_{a,N}) = (dp^N)^{k-1} B_k\left(\frac{a}{dp^N}\right) \ (\in \mathbb{Q})$$

と定義する．

[例 1]　$I_{a,N} \in \mathscr{I}$ とする．

$$\mu_{B,0}(I_{a,N}) = (dp^N)^{-1} B_0\left(\frac{a}{dp^N}\right) = (dp^N)^{-1}$$
$$\mu_{B,1}(I_{a,N}) = B_1\left(\frac{a}{dp^N}\right) = \frac{a}{dp^N} - \frac{1}{2}$$
$$\mu_{B,2}(I_{a,N}) = dp^N B_2\left(\frac{a}{dp^N}\right) = dp^N\left(\left(\frac{a}{dp^N}\right)^2 - \frac{a}{dp^N} + \frac{1}{6}\right)$$

任意の非負整数 k に対し，$\mu_{B,k}$ は定理 4.6 の条件（4.6）をみたすことが分かる．

命題 4.9 任意の $I_{a,N} \in \mathscr{I}$ に対し，

$$\mu_{B,k}(I_{a,N}) = \sum_{r=0}^{p-1} \mu_{B,k}(I_{a+rdp^N,N+1})$$

が成り立つ．

証明 ベルヌーイ多項式の定義から，

$$\frac{te^{xt}}{e^t-1} = \sum_{n=0}^{\infty} B_n(x)\frac{t^n}{n!}$$

である．$\alpha = a/dp^{N+1}$ とおき，x に $\alpha + r/p$ を代入すると，

$$\frac{te^{\left(\alpha+\frac{r}{p}\right)t}}{e^t-1} = \sum_{n=0}^{\infty} B_n\left(\alpha+\frac{r}{p}\right)\frac{t^n}{n!}$$

を得る．$r = 0, 1, \cdots, p-1$ に関し和をとると，

$$\begin{aligned}\sum_{n=0}^{\infty}\left\{\sum_{r=0}^{p-1} B_n\left(\alpha+\frac{r}{p}\right)\right\}\frac{t^n}{n!} &= \sum_{r=0}^{p-1}\frac{te^{\left(\alpha+\frac{r}{p}\right)t}}{e^t-1} \\ &= \frac{te^{\alpha t}}{e^t-1}\sum_{r=0}^{p-1} e^{rt/p} \\ &= \frac{te^{\alpha t}}{e^t-1}\frac{(e^{t/p})^p-1}{e^{t/p}-1} \\ &= p\sum_{n=0}^{\infty} B_n(p\alpha)\frac{(t/p)^n}{n!}.\end{aligned}$$

よって，$t^k/k!$ の係数を比べると，

$$B_k(p\alpha) = p^{k-1}\sum_{r=0}^{p-1} B_k\left(\alpha+\frac{r}{p}\right)$$

を得る．よって，

$$\begin{aligned}\sum_{r=0}^{p-1}\mu_{B,k}(I_{a+rdp^N,N+1}) &= (dp^{N+1})^{k-1}\sum_{r=0}^{p-1} B_k\left(\frac{a+rdp^N}{dp^{N+1}}\right) \\ &= (dp^{N+1})^{k-1}\sum_{r=0}^{p-1} B_k\left(\alpha+\frac{r}{p}\right) \\ &= (dp^N)^{k-1} B_k(p\alpha)\end{aligned}$$

$$= \mu_{B,k}(I_{a,N}). \qquad \square$$

［例 2］　$d=1$ とすると，$\mathscr{X}=\mathbb{Z}_p$，$\mathscr{X}^*=\mathbb{Z}_p^\times$ である．このとき，任意の非負整数 k に対し，

$$\mu_{B,k}(\mathbb{Z}_p)=\mu_{B,k}(I_{0,0})=B_k(0)=\begin{cases} B_k & (k\neq 1 \text{ のとき}), \\ -\dfrac{1}{2} & (k=1 \text{ のとき}) \end{cases}$$

である．また，$\mathbb{Z}_p=\mathbb{Z}_p^\times \coprod p\mathbb{Z}_p$ から，命題 4.9 より，

$$\begin{aligned} \mu_{B,k}(\mathbb{Z}_p^\times) &= \mu_{B,k}(\mathbb{Z}_p)-\mu_{B,k}(p\mathbb{Z}_p) \\ &= \mu_{B,k}(I_{0,0})-\mu_{B,k}(I_{0,1}) \\ &= B_k(0)-p^{k-1}B_k(0) \\ &= (1-p^{k-1})B_k(0) \\ &= \begin{cases} B_k(1-p^{k-1}) & (k\neq 1 \text{ のとき}), \\ -\dfrac{1}{2}(1-p^{k-1}) & (k=1 \text{ のとき}) \end{cases} \end{aligned}$$

を得る．

命題 4.9 から，$\mu_{B,k}$ は定理 4.6 の仮定（4.6）をみたすので，$\mathscr{X}^*$ 上の p 進分布に一意的に拡張される．$\mu_{B,k}$ をベルヌーイ p 進分布とよぶ．任意の $I_{a,N}\in\mathscr{I}^*$ に対し，$\mu_{B,k}(I_{a,N})\in\mathbb{Q}$ であることと，有限加法性から，$\mathscr{X}^*$ の任意のコンパクト開集合 U に対し，$\mu_{B,k}(U)\in\mathbb{Q}$ である．

すべての非負整数 k に対し，ベルヌーイ p 進分布 $\mu_{B,k}$ は $\mathscr{X}^*$ 上の p 進測度ではないことが確かめられる．たとえば，$\mu_{B,1}$ は任意の $I_{a,N}\in\mathscr{I}^*$ $(N\geqq 2)$ に対し，

$$\begin{aligned} |\mu_{B,1}(I_{a,N})|_p &= \left|B_1\left(\frac{a}{dp^N}\right)\right|_p \\ &= \left|\frac{a}{dp^N}-\frac{1}{2}\right|_p \\ &= \max\left(\left|\frac{a}{dp^N}\right|_p,\ \left|\frac{1}{2}\right|_p\right)=p^N \end{aligned}$$

より有界ではない．そこで，次のようにベルヌーイ p 進分布から p 進測度を構成する．

k を正の整数，α を $(\alpha,pd)=1$ をみたす整数とし，写像

$$E_{k,\alpha} : \{U \mid \mathscr{X}^* \text{ のコンパクト開集合 } \} \longrightarrow \mathbb{Q}$$

を

$$E_{k,\alpha}(U) = \frac{1}{k}\left\{\mu_{B,k}(U) - \alpha^k \mu_{B,k}(\alpha^{-1}U)\right\}$$

で定める．補題 4.8 から，$E_{k,\alpha}$ は p 進分布である．

pd を割る任意の素数 ℓ に対し，$v_\ell(x) = 0$ をみたす有理数 x，正の整数 N に対し，整数 $\{x\}_N$ を

$$\{x\}_N \equiv x \pmod{dp^N}, \quad 0 \leqq \{x\}_N < dp^N$$

をみたすものとする．

補題 4.10 任意の $I_{a,N} \in \mathscr{I}^*$ に対し，

$$E_{1,\alpha}(I_{a,N}) = \frac{1}{2}(\alpha - 1) + \alpha(dp^N)^{-1}(\alpha^{-1}a - \{\alpha^{-1}a\}_N)$$

が成り立つ．特に，$E_{1,\alpha}(I_{a,N}) \in \mathbb{Z}_p$ である．

証明 任意の $I_{a,N} \in \mathscr{I}^*$ に対し，

$$\begin{aligned}\alpha^{-1}I_{a,N} = \alpha^{-1}(a, a + p^N\mathbb{Z}_p) &= (\alpha^{-1}a, \alpha^{-1}a + p^N\mathbb{Z}_p) \\ &= (\{\alpha^{-1}a\}_N, \{\alpha^{-1}a\}_N + p^N\mathbb{Z}_p) \\ &= I_{\{\alpha^{-1}a\}_N, N} \in \mathscr{I}^*\end{aligned}$$

より，

$$\begin{aligned}E_{1,\alpha}(I_{a,N}) &= \mu_{B,1}(I_{a,N}) - \alpha\mu_{B,1}(\alpha^{-1}I_{a,N}) \\ &= \mu_{B,1}(I_{a,N}) - \alpha\mu_{B,1}(I_{\{\alpha^{-1}a\}_N,N}) \\ &= \left(\frac{a}{dp^N} - \frac{1}{2}\right) - \alpha\left(\frac{\{\alpha^{-1}a\}_N}{dp^N} - \frac{1}{2}\right) \\ &= \frac{1}{2}(\alpha - 1) + \alpha(dp^N)^{-1}(\alpha^{-1}a - \{\alpha^{-1}a\}_N).\end{aligned}$$

□

U を $\mathscr{X}^*$ の任意のコンパクト開集合とすると，補題 4.4 から，$U = I_1 \coprod \cdots \coprod I_n$ をみたす $I_1, \cdots, I_n \in \mathscr{I}^*$ が存在する．よって，補題 4.10 と $E_{1,\alpha}$ の有限加法性から次の系を得る．

系　$\mathscr{X}^*$ の任意のコンパクト開集合 U に対し，$E_{1,\alpha}(U) \in \mathbb{Z}_p$ である．特に，$E_{1,\alpha}$ は $\mathscr{X}^*$ 上の p 進測度である．

次に任意の正の整数 k に対し，$E_{k,\alpha}$ は $\mathscr{X}^*$ 上の p 進測度であることを示す．

補題 4.11　k, N を正の整数，$I_{a,N} \in \mathscr{I}^*$ とする．$kE_{k,\alpha}(I_{a,N}) \in \mathbb{Z}_p$ であり，次の合同式が成り立つ．

$$kE_{k,\alpha}(I_{a,N}) \equiv ka^{k-1}E_{1,\alpha}(I_{a,N}) \pmod{p^{N-1}\mathbb{Z}_p}$$

証明　補題 1.18 から，

$$\begin{aligned} B_k(x) &= \sum_{n=0}^{k} (-1)^n \binom{k}{n} B_n x^{k-n} \\ &= x^k - \frac{k}{2}x^{k-1} + \cdots \end{aligned}$$

である．定理 1.4（クラウゼン，フォンシュタウトの定理）から，任意の非負整数 n に対し，$pB_n \in \mathbb{Z}_p$ より，

$$\begin{aligned} (kp)E_{k,\alpha}(I_{a,N}) &= p\{\mu_{B,k}(I_{a,N}) - \alpha^k \mu_{B,k}(\alpha^{-1}I_{a,N})\} \\ &= p\{\mu_{B,k}(I_{a,N}) - \alpha^k \mu_{B,k}(I_{\{\alpha^{-1}a\}_N,N})\} \\ &= p(dp^N)^{k-1}\left\{B_k\left(\frac{a}{dp^N}\right) - \alpha^k B_k\left(\frac{\{\alpha^{-1}a\}_N}{dp^N}\right)\right\} \\ &= p(dp^N)^{k-1}\left\{\left(\left(\frac{a}{dp^N}\right)^k - \frac{k}{2}\left(\frac{a}{dp^N}\right)^{k-1}\right)\right. \\ &\quad \left. -\alpha^k\left(\left(\frac{\{\alpha^{-1}a\}_N}{dp^N}\right)^k - \frac{k}{2}\left(\frac{\{\alpha^{-1}a\}_N}{dp^N}\right)^{k-1}\right)\right\} + p^N t_1 \\ &\qquad (t_1 \in \mathbb{Z}_p) \end{aligned}$$

と表せる．

$$s = (dp^N)^{-1}(\alpha^{-1}a - \{\alpha^{-1}a\}_N) \in \mathbb{Z}_p$$

とおき，二項展開すると，

$$
\begin{aligned}
(kp)E_{k,\alpha}(I_{a,N}) &= p(dp^N)^{k-1}\left\{\left(\frac{a}{dp^N}\right)^k - \frac{k}{2}\left(\frac{a}{dp^N}\right)^{k-1}\right.\\
&\qquad \left. -\alpha^k\left(\frac{\alpha^{-1}a}{dp^N}-s\right)^k + \frac{1}{2}\alpha^k k\left(\frac{\alpha^{-1}a}{dp^N}-s\right)^{k-1}\right\} + p^N t_1\\
&= p\left\{\frac{a^k}{dp^N} - \frac{k}{2}a^{k-1} - \alpha^k(dp^N)^{k-1}\left(\left(\frac{\alpha^{-1}a}{dp^N}\right)^k - ks\left(\frac{\alpha^{-1}a}{dp^N}\right)^{k-1}\right)\right.\\
&\qquad \left. +\frac{1}{2}\alpha^k k(dp^N)^{k-1}\times\left(\frac{\alpha^{-1}a}{dp^N}\right)^{k-1}\right\} + p^N t_2\\
&= (kp)a^{k-1}\left\{\frac{1}{2}(\alpha-1)+\alpha s\right\} + p^N t_2\\
&= (kp)a^{k-1}E_{1,\alpha}(I_{a,N}) + p^N t_2 \qquad (t_2\in\mathbb{Z}_p)
\end{aligned}
$$

を得る．ここで，最後の等号は，補題 4.10 を用いた．同補題より，$E_{1,\alpha}(I_{a,N})\in\mathbb{Z}_p$ なので，$kE_{k,\alpha}(I_{a,N})\in\mathbb{Z}_p$ である．また上記等式から主張の合同式を得る． □

ベルヌーイ多項式を用いて構成した写像

$$E_{k,\alpha}:\{U \mid \mathscr{X}^*\text{のコンパクト集合}\} \longrightarrow \mathbb{C}_p$$

は $\mathscr{X}^*$ 上の p 進測度であることが，次の定理から分かる．

定理 4.12 k を正の整数，α を $(\alpha, pd)=1$ をみたす整数とする．$\mathscr{X}^*$ の任意のコンパクト開集合 U に対し，$E_{k,\alpha}(U)\in\mathbb{Z}_p$ である．特に，$E_{k,\alpha}$ は $\mathscr{X}^*$ 上の p 進測度である．

証明 $\mathscr{X}^*$ の任意のコンパクト開集合 U に対し，

$$U = I_1 \coprod\cdots\coprod I_n, \quad I_1,\cdots,I_n\in\mathscr{I}^*$$

と表すと，$E_{k,\alpha}$ の有限加法性から，

$$
\begin{aligned}
|E_{k,\alpha}(U)|_p &= \left|\sum_{i=1}^n E_{k,\alpha}(I_i)\right|_p\\
&\leqq \max\{|E_{k,\alpha}(I_i)|_p \mid i=1,2,\cdots,n\}
\end{aligned}
$$

であるから，任意の $I \in \mathscr{I}^*$ に対し，$|E_{k,\alpha}(I)|_p \leqq 1$ を示せばよい．

$I_{a,N} \in \mathscr{I}^*$ とし，$N_0 = v_p(k) + 1$ とおく．N を $N \geqq N_0$ をみたす整数とする．補題 4.11 から，ある $t \in \mathbb{Z}_p$ に対し，

$$E_{k,\alpha}(I_{a,N}) = a^{k-1}E_{1,\alpha}(I_{a,N}) + p^{N-1}tk^{-1}$$

が成り立つので，

$$|E_{k,\alpha}(I_{a,N})|_p \leqq \max\{|a^{k-1}E_{1,\alpha}(I_{a,N})|_p, |p^{N-1}tk^{-1}|_p\} \tag{4.12}$$

である．さらに，補題 4.10 から，

$$|a^{k-1}E_{1,\alpha}(I_{a,N})|_p \leqq 1$$

である．また，$t \in \mathbb{Z}_p$, $N \geqq N_0$ より，

$$|p^{N-1}tk^{-1}|_p \leqq |p^{N-1}k^{-1}|_p \leqq 1$$

である．よって，(4.12) から，

$$|E_{k,\alpha}(I_{a,N})|_p \leqq 1$$

を得る．次に $N < N_0$ とする．補題 4.3 より，

$$I_{a,N} = \coprod_{0 \leqq r < p^{N_0 - N}} I_{a+rdp^N, N_0}$$

である．$E_{k,\alpha}$ は $\mathscr{X}^*$ 上の p 進分布なので，

$$\begin{aligned} |E_{k,\alpha}(I_{a,N})|_p &= \left| \sum_{r=0}^{p^{N_0-N}-1} E_{k,\alpha}(I_{a+rdp^N, N_0}) \right|_p \\ &\leqq \max\left\{ |E_{k,\alpha}(I_{a+rdp^N,N_0})|_p \mid r = 0, 1, \cdots, p^{N_0-N} - 1 \right\} \end{aligned}$$

である．前半の結果から，$|E_{k,\alpha}(I_{a+rdp^N,N_0})|_p \leqq 1$ より，$|E_{k,\alpha}(I_{a,N})|_p \leqq 1$ を得る．

□

$E_{k,\alpha}$ をベルヌーイ p 進測度という．

定理 4.13　k, N を正の整数，$I_{a,N} \in \mathscr{I}^*$ とする．次の合同式が成り立つ．

$$E_{k,\alpha}(I_{a,N}) \equiv a^{k-1}E_{1,\alpha}(I_{a,N}) \pmod{p^N\mathbb{Z}_p}$$

証明 $M = v_p(k) + 1 + N$ とおく．定理 4.12，補題 4.11 より，$0 \leqq b < dp^M$ をみたす任意の整数 b に対し，

$$E_{k,\alpha}(I_{b,M}) \equiv b^{k-1} E_{1,\alpha}(I_{b,M}) \pmod{p^N \mathbb{Z}_p} \tag{4.13}$$

が成り立つ．直和分解

$$I_{a,N} = \coprod_{0 \leqq r < p^{M-N}} I_{a+rdp^N, M}$$

と (4.13) を用いると，

$$\begin{aligned} E_{k,\alpha}(I_{a,N}) &= \sum_{r=0}^{p^{M-N}-1} E_{k,\alpha}(I_{a+rdp^N,M}) \\ &\equiv a^{k-1} \sum_{r=0}^{p^{M-N}-1} E_{1,\alpha}(I_{a+rdp^N,M}) \\ &\equiv a^{k-1} E_{1,\alpha}(I_{a,N}) \pmod{p^N \mathbb{Z}_p} \end{aligned}$$

より主張の合同式を得る． □

4.3 p 進積分

μ を $\mathcal{X}^*$ 上の p 進測度，$f : \mathcal{X}^* \longrightarrow \mathbb{C}_p$ を連続関数とする．補題 4.3 より，任意の非負整数 N に対し，$\mathcal{X}^*$ は

$$\mathcal{X}^* = \coprod_{\substack{0 \leqq a < dp \\ (a,dp)=1}} I_{a,1} = \coprod_{\substack{0 \leqq a < dp^N \\ (a,dp)=1}} I_{a,N}$$

と分割できる．N が大きくなると，この分割は細かくなる．各 $I_{a,N}$ から代表元 $x_{a,N}$ $(\in I_{a,N})$ を選び，p 進リーマン和を次で定義する．

$$S_{N,\{x_{a,N}\}}(f) = \sum_{\substack{0 \leqq a < dp^N \\ (a,dp)=1}} f(x_{a,N}) \mu(I_{a,N})$$

定理 4.14 μ を $\mathcal{X}^*$ 上の p 測度，$f : \mathcal{X}^* \longrightarrow \mathbb{C}_p$ を連続関数とする．このとき，極限値

$$\lim_{N \to \infty} S_{N,\{x_{a,N}\}}(f)$$

が存在する．さらに，この極限値は $I_{a,N}$ の代表元 $x_{a,N}$ の選び方によらない．

証明　μ は $\mathcal{X}^*$ 上の p 進測度なので，ある正の実数 r が存在し，$\mathcal{X}^*$ の任意のコンパクト開集合 U に対し，$|\mu(U)|_p \leqq r$ をみたす．

(i) 極限値 $\lim_{N\to\infty} S_{N,\{x_{a,N}\}}(f)$ が存在することを示す．$\{S_{N,\{x_{a,N}\}}\}_{N\geqq 1}$ が $\mathbb{C}_p$ のコーシー列であることを示せばよい．ε を任意の正の実数とする．$a \in (\mathbb{Z}/d\mathbb{Z})^\times$ に対し，f の $\{a\}\times\mathbb{Z}_p^\times$ への制限写像を f_a とおく．f は連続写像なので，f_a も連続写像である．$\{a\}\times\mathbb{Z}_p^\times$ はコンパクトなので，f_a は一様連続である．よって，ある正の整数 N_a が存在し，$|s-t|_p \leqq p^{-N_a}$ をみたす $\mathcal{X}^*$ の元 $x=(a,s)$，$y=(a,t)$ に対し，

$$|f(x)-f(y)|_p < \varepsilon/r \tag{4.14}$$

が成り立つ．

$$N_0 = \max\{N_a \mid a \in (\mathbb{Z}/d\mathbb{Z})^\times\}$$

とおく．M, N を $M \geqq N \geqq N_0$ をみたす任意の整数とする．補題 4.3 から，

$$\begin{aligned}
S_{N,\{x_{a,N}\}}(f) &= \sum_{\substack{0\leqq a<dp^N\\(a,dp)=1}} f(x_{a,N})\mu(I_{a,N})\\
&= \sum_{\substack{0\leqq a<dp^N\\(a,dp)=1}} f(x_{a,N}) \sum_{0\leqq r<p^{M-N}} \mu(I_{a+rdp^N,M})\\
&= \sum_{\substack{0\leqq b<dp^M\\(b,dp)=1}} f(x_{a(b),N})\mu(I_{b,M})
\end{aligned}$$

を得る．ここで $a(b)$ は，$a(b)\equiv b \pmod{dp^N}$，$0\leqq a(b)<dp^N$ をみたす整数である．よって，

$$\begin{aligned}
&|S_{N,\{x_{a,N}\}}(f) - S_{M,\{x_{a,M}\}}(f)|_p\\
&= \left|\sum_{\substack{0\leqq b<dp^M\\(b,dp)=1}} (f(x_{a(b),N}) - f(x_{b,M}))\mu(I_{b,M})\right|_p\\
&\leqq \max\{|f(x_{a(b),N}) - f(x_{b,M})|_p|\mu(I_{b,M})|_p \mid 0\leqq b<dp^M, (b,dp)=1\}
\end{aligned} \tag{4.15}$$

を得る．ここで，

$$\begin{aligned}
x_{a(b),N} &= (a(b),s) \in I_{a(b),N} = (a(b), a(b)+p^N\mathbb{Z}_p)\\
x_{b,M} &= (b,t) \in I_{b,M} = (b, b+p^M\mathbb{Z}_p)
\end{aligned}$$

とおくと，$a(b) \equiv b \pmod{dp^N}$ から，$a(b) \equiv b \pmod{d}$ かつ

$$|s-t|_p \leqq p^{-N} \leqq p^{-N_0} \leqq p^{-N_b}$$

なので，(4.14) から

$$|f(x_{a(b),N}) - f(x_{b,M})|_p < \varepsilon/r$$

を得る．よって，(4.15) から

$$|S_{N,\{x_{a,N}\}}(f) - S_{M,\{x_{a,M}\}}(f)|_p < \varepsilon$$

を得るので，$\{S_{N,\{x_{a,N}\}}\}_{N \geqq 1}$ はコーシー列である．

(ii) 極限値が $I_{a,N}$ の代表元 $x_{a,N}$ の選び方によらないことを示す．$x_{a,N}$，$y_{a,N}$ を $I_{a,N}$ の元とする．ε を任意の正の実数とし，N_0 を (i) で定めた ε によって定まる正の整数とする．N を $N \geqq N_0$ をみたす任意の整数とすると，

$$\begin{aligned}
&|S_{N,\{x_{a,N}\}}(f) - S_{N,\{y_{a,N}\}}(f)|_p \\
&= \left| \sum_{\substack{0 \leqq a < dp^N \\ (a,dp)=1}} (f(x_{a,N}) - f(y_{a,N}))\mu(I_{a,N}) \right|_p \\
&\leqq \max\{|f(x_{a,N}) - f(y_{a,N})|_p |\mu(I_{a,N})|_p \mid 0 \leqq a < dp^N,\ (a,dp)=1\}
\end{aligned} \tag{4.16}$$

が成り立つ．ここで，

$$x_{a,N} = (a,s), \quad y_{a,N} = (a,t) \quad (\in I_{a,N})$$

とおくと，$s, t \in a + p^N\mathbb{Z}_p$ より，

$$|s-t|_p \leqq p^{-N} \leqq p^{-N_0} \leqq p^{-N_a}$$

であるから，(4.14) より，

$$|f(x_{a,N}) - f(y_{a,N})|_p < \varepsilon/r$$

を得る．よって，(4.16) から，

$$|S_{N,\{x_{a,N}\}}(f) - S_{N,\{y_{a,N}\}}(f)|_p < \varepsilon$$

を得るので，

$$\lim_{N\to\infty} S_{N,\{x_{a,N}\}} = \lim_{N\to\infty} S_{N,\{y_{a,N}\}}$$

であり，極限値は $I_{a,N}$ の代表元 $x_{a,N}$ の選び方によらない □

$\mathcal{X}^*$ 上の p 進測度 μ と連続関数 $f:\mathcal{X}^*\longrightarrow\mathbb{C}_p$ に対し，f の $\mathcal{X}^*$ 上の p **進積分** $\displaystyle\int_{\mathcal{X}^*} f\,d\mu$ を

$$\int_{\mathcal{X}^*} f\,d\mu = \lim_{N\to\infty} S_{N,\{x_{a,N}\}}(f)\in\mathbb{C}_p$$

と定める．実数上の積分と同様に $\mathcal{X}^*$ 上の積分 $\displaystyle\int_{\mathcal{X}^*} f\,d\mu$ も以下のような $\mathbb{C}_p$ 上の線形性をもつ．

補題 4.15 μ を $\mathcal{X}^*$ 上の p 進測度，$f,g:\mathcal{X}^*\longrightarrow\mathbb{C}_p$ を連続関数，$s\in\mathbb{C}_p$ とする．このとき，次が成り立つ．

(1) $\displaystyle\int_{\mathcal{X}^*}(f+g)d\mu = \int_{\mathcal{X}^*} f\,d\mu + \int_{\mathcal{X}^*} g\,d\mu$

(2) $\displaystyle\int_{\mathcal{X}^*} sf\,d\mu = s\int_{\mathcal{X}^*} f\,d\mu$

証明 (1) $\mathcal{X}^*$ 上の連続関数 f,g に対し，

$$\begin{aligned}
\int_{\mathcal{X}^*}(f+g)d\mu &= \lim_{N\to\infty} S_{N,\{x_{a,N}\}}(f+g)\\
&= \lim_{N\to\infty}\sum_{\substack{0\leqq a<dp^N\\(a,dp)=1}}(f(x_{a,N})+g(x_{a,N}))\mu(I_{a,N})\\
&= \lim_{N\to\infty}\sum_{\substack{0\leqq a<dp^N\\(a,dp)=1}} f(x_{a,N})\mu(I_{a,N}) + \lim_{N\to\infty}\sum_{\substack{0\leqq a<dp^N\\(a,dp)=1}} g(x_{a,N})\mu(I_{a,N})\\
&= \int_{\mathcal{X}^*} f\,d\mu + \int_{\mathcal{X}^*} g\,d\mu
\end{aligned}$$

(2) $\mathcal{X}^*$ 上の連続関数 f と $s\in\mathbb{C}_p$ に対し，

$$\begin{aligned}
\int_{\mathcal{X}^*} sf\,d\mu &= \lim_{N\to\infty} S_{N,\{x_{a,N}\}}(sf)\\
&= \lim_{N\to\infty}\sum_{\substack{0\leqq a<dp^N\\(a,dp)=1}} sf(x_{a,N})\,\mu(I_{a,N})
\end{aligned}$$

$$= s \lim_{N\to\infty} \sum_{\substack{0\leqq a<dp^N \\ (a,dp)=1}} f(x_{a,N})\ \mu(I_{a,N})$$

$$= s \int_{\mathscr{X}^*} f\ d\mu$$

□

さらに，$\mathscr{X}^*$ の積分の p 進絶対値に対し，次が成り立つ．

補題 4.16 μ を $\mathscr{X}^*$ 上の p 進測度で，ある非負実数 r に対し，

$$|\mu(U)|_p \leqq r$$

が任意のコンパクト開集合 U に対し成り立つとする．さらに，$f, g : \mathscr{X}^* \longrightarrow \mathbb{C}_p$ を連続関数とする．

(1) ある非負実数 λ に対し，

$$|f(x)|_p \leqq \lambda$$

が任意の $x \in \mathscr{X}^*$ に対して成り立つならば，

$$\left|\int_{\mathscr{X}^*} f\ du\right|_p \leqq \lambda r$$

である．

(2) ある非負実数 λ に対し，

$$|f(x) - g(x)|_p \leqq \lambda$$

が任意の $x \in \mathscr{X}^*$ に対して成り立つならば，

$$\left|\int_{\mathscr{X}^*} f\ du - \int_{\mathscr{X}^*} g\ du\right|_p \leqq \lambda r$$

である．

証明 (1) 仮定より，

$$|S_{N,\{x_{a,N}\}}(f)|_p = \left|\sum_{\substack{0\leqq a<dp^N \\ (a,dp)=1}} f(x_{a,N})\mu(I_{a,N})\right|_p$$

$$\leqq \max\{|f(x_{a,N})|_p, |\mu(I_{a,N})|_p \mid 0 \leqq a < dp^N,\ (a,dp)=1\}$$

$$\leqq \lambda r$$

が成立つことと，

$$\int_{\mathfrak{X}^*} f \, d\mu = \lim_{N \to \infty} S_{N,\{x_{a,N}\}}(f)$$

から主張は従う．

（2）補題 4.15 と（1）から主張は従う． □

第5章

p進ゼータ関数とp進L関数の構成(2)
——p進積分による方法

5.1 ベルヌーイ p 進測度による積分

p を素数，d を p で割れない正の整数とし，

$$q = \begin{cases} p & (p \neq 2 \text{ のとき}) \\ 4 & (p = 2 \text{ のとき}) \end{cases}$$

とおく．定理 2.24（2）より，

$$\mathbb{Z}_p^\times = \mu_{\phi(q)}(\mathbb{Q}_p) \times (1 + q\mathbb{Z}_p)$$

である．自然な全射

$$\mathbb{Z}_p^\times \longrightarrow (\mathbb{Z}_p/qp^m\mathbb{Z}_p)^\times, \quad x \mapsto x \bmod qp^m\mathbb{Z}_p$$

と同型 $(\mathbb{Z}_p/qp^m\mathbb{Z}_p)^\times \simeq (\mathbb{Z}/qp^m\mathbb{Z})^\times$ および補題 2.20，定理 2.21 より次の可換図式が成り立つ．

$$\begin{array}{ccccc}
\mathbb{Z}_p^\times & = & \mu_{\varphi(q)}(\mathbb{Q}_p) & \times & (1+q\mathbb{Z}_p) \\
\big\downarrow \bmod qp^m\mathbb{Z}_p & & \big\downarrow \wr \bmod q\mathbb{Z}_p & & \big\downarrow \bmod qp^m\mathbb{Z}_p \\
(\mathbb{Z}/qp^m\mathbb{Z})^\times & \simeq & (\mathbb{Z}/q\mathbb{Z})^\times & \times & \langle 1+q \rangle_{\mathbb{Z}}
\end{array}$$

ここで，$\langle 1+q \rangle_{\mathbb{Z}}$ は $1+q$ が生成する $(\mathbb{Z}/qp^m\mathbb{Z})^\times$ の部分群を表し，位数 p^m の巡回群である．導手 $f = dp^m (m \geqq 0)$ の原始的ディリクレ指標 χ に対し，写像

$$\mathcal{X}^* = (\mathbb{Z}/d\mathbb{Z})^\times \times \mathbb{Z}_p^\times \longrightarrow (\mathbb{Z}/f\mathbb{Z})^\times \xrightarrow{\chi} \mathbb{C}_p$$

も χ で表す．また，

$$pr_p : \mathcal{X}^* = (\mathbb{Z}/d\mathbb{Z})^\times \times \mathbb{Z}_p^\times \longrightarrow \mathbb{Z}_p^\times, \quad (a, s) \mapsto s$$

とおく．定義域を $\mathcal{X}^*$ に拡張したディリクレ指標 χ と pr_p は連続写像である．$F_\chi = \mathbb{Q}_p(\mathrm{Im}\chi)$ の付値環は $\mathbb{Z}_p[\mathrm{Im}\chi] = \{a \in F_\chi \mid |a|_p \leqq 1\}$，極大イデアルは $\mathfrak{m}_\chi = \{a \in$

$F_\chi \mid |a|_p \lneq 1\}$, 単数群は $\mathbb{Z}_p[\mathrm{Im}\chi]^\times = \mathbb{Z}_p[\mathrm{Im}\chi] \setminus \mathfrak{m}_\chi = \{a \in F_\chi \mid |a|_p = 1\}$ である.

連続写像 $\chi : \mathscr{X}^* \to \mathbb{C}_p$ のベルヌーイ p 進測度 $E_{k,\alpha}$ による積分は, 以下のように $E_{1,\alpha}$ による積分で表せる.

命題 5.1 χ を導手 dp^n $(n \geqq 0)$ のディリクレ指標, k を正の整数とすると, 次の等式が成立つ.

$$\int_{\mathscr{X}^*} \chi \, dE_{k,\alpha} = \int_{\mathscr{X}^*} \chi \, pr_p^{k-1} \, dE_{1,\alpha}$$

証明 定理 4.13 より, 任意の正の整数 N に対し,

$$E_{k,\alpha}(I_{a,N}) \equiv a^{k-1} E_{1,\alpha}(I_{a,N}) \qquad (\mathrm{mod}\ p^N \mathbb{Z}_p)$$

である. よって, $I_{a,N}$ の代表元として $x_{a,N} = (a, a) \in I_{a,N}$ をとると,

$$\begin{aligned}
\int_{\mathscr{X}^*} \chi \, dE_{k,\alpha} &= \lim_{N\to\infty} S_{N,\{x_{a,N}\}}(\chi) \\
&= \lim_{N\to\infty} \sum_{\substack{0 \leqq a < dp^N \\ (a,dp)=1}} \chi(a) E_{k,\alpha}(I_{a,N}) \\
&= \sum_{\substack{0 \leqq a < dp^N \\ (a,dp)=1}} \chi(a) E_{k,\alpha}(I_{a,N}) \qquad (N \geqq n) \\
&\equiv \sum_{\substack{0 \leqq a < dp^N \\ (a,dp)=1}} \chi(a) a^{k-1} E_{1,\alpha}(I_{a,N}) \qquad (\mathrm{mod}\ p^N \mathbb{Z}_p[\mathrm{Im}\chi])
\end{aligned}$$

を得る. よって,

$$\begin{aligned}
\int_{\mathscr{X}^*} \chi \, dE_{k,\alpha} &= \lim_{N\to\infty} \sum_{\substack{0 \leqq a < dp^N \\ (a,dp)=1}} \chi(a) a^{k-1} E_{1,\alpha}(I_{a,N}) \\
&= \int_{\mathscr{X}^*} \chi \, pr_p^{k-1} dE_{1,\alpha}
\end{aligned}$$

を得る. □

さらに命題 5.1 の右辺の積分値には, 一般ベルヌーイ数が現れる.

命題 5.2　χ を導手 $f = dp^n$ $(n \geqq 0)$ の原始的ディリクレ指標，k を正の整数とすると，次の等式が成立つ．

$$\frac{1}{1-\chi(\alpha)\alpha^k}\int_{\mathfrak{X}^*}\chi\, pr_p^{k-1}\, dE_{1,\alpha} = (1-p^{k-1}\chi(p))\frac{B_{k,\chi}}{k}$$

証明　$I_{a,N}$ の代表元として $x_{a,N} = (a,a) \in I_{a,N}$ をとると，命題 5.1 より，

$$\begin{aligned}
&\int_{\mathfrak{X}^*}\chi\, pr_p^{k-1}\, dE_{1,\alpha} \\
&= \int_{\mathfrak{X}^*}\chi\, dE_{k,\alpha} \\
&= \lim_{N\to\infty}\sum_{\substack{0\leqq a<dp^N \\ (a,dp)=1}}\chi(a)E_{k,\alpha}(I_{a,N}) \\
&= \sum_{\substack{0\leqq a<dp^N \\ (a,dp)=1}}\chi(a)E_{k,\alpha}(I_{a,N}) \qquad (N \geqq n) \\
&= \frac{1}{k}\sum_{\substack{0\leqq a<dp^N \\ (a,dp)=1}}\chi(a)\{\mu_{B,k}(I_{a,N}) - \alpha^k\mu_{B,k}(\alpha^{-1}I_{a,N})\} \\
&= \frac{1}{k}\sum_{\substack{0\leqq a<dp^N \\ (a,dp)=1}}\chi(a)\{\mu_{B,k}(I_{a,N}) - \alpha^k\mu_{B,k}(I_{\{\alpha^{-1}a\}_N,N})\} \\
&= \frac{(dp^N)^{k-1}}{k}\sum_{\substack{0\leqq a<dp^N \\ (a,dp)=1}}\chi(a)\left\{B_k\left(\frac{a}{dp^N}\right) - \alpha^k B_k\left(\frac{\{\alpha^{-1}a\}_N}{dp^N}\right)\right\} \\
&= \frac{(dp^N)^{k-1}}{k}\left\{\sum_{\substack{0\leqq a<dp^N \\ (a,dp)=1}}\chi(a)B_k\left(\frac{a}{dp^N}\right) - \alpha^k\sum_{\substack{0\leqq c<dp^N \\ (c,dp)=1}}\chi(\alpha c)B_k\left(\frac{c}{dp^N}\right)\right\} \\
&= \frac{(dp^N)^{k-1}}{k}(1-\alpha^k\chi(\alpha))\sum_{\substack{0\leqq a<dp^N \\ (a,dp)=1}}\chi(a)B_k\left(\frac{a}{dp^N}\right) \qquad (5.1)
\end{aligned}$$

である．ここで，χ の導手 $f = dp^n$ に対し $n = 0$ のとき，補題 1.19 より，任意の正の整数 N に対し，

$$(dp^N)^{k-1}\sum_{\substack{0\leqq a<dp^N \\ (a,dp)=1}}\chi(a)B_k\left(\frac{a}{dp^N}\right)$$

$$
\begin{aligned}
&= (dp^N)^{k-1}\left\{\sum_{0\leqq a<dp^N}\chi(a)B_k\left(\frac{a}{dp^N}\right)-\sum_{\substack{0\leqq a<dp^N\\ p|a}}\chi(a)B_k\left(\frac{a}{dp^N}\right)\right\}\\
&= (dp^N)^{k-1}\left\{\sum_{0\leqq a<dp^N}\chi(a)B_k\left(\frac{a}{dp^N}\right)-\sum_{0\leqq b<dp^{N-1}}\chi(pb)B_k\left(\frac{b}{dp^{N-1}}\right)\right\}\\
&= (1-p^{k-1}\chi(p))B_{k,\chi}. \qquad (5.2)
\end{aligned}
$$

また，χ の導手 $f=dp^n$ に対し $n\geqq 1$ のとき，補題 1.19 より，任意の正の整数 $N\geqq n$ に対し，

$$
\begin{aligned}
&(dp^N)^{k-1}\sum_{\substack{0\leqq a<dp^N\\ (a,dp)=1}}\chi(a)B_k\left(\frac{a}{dp^N}\right)\\
&= (dp^N)^{k-1}\sum_{0\leqq a<dp^N}\chi(a)B_k\left(\frac{a}{dp^N}\right)\\
&= B_{k,\chi}.
\end{aligned}
$$

さらにこのとき，$\chi(p)=0$ より，$n\geqq 1$ のときも（5.2）が成り立つことが分かる．よって，(5.1)，(5.2) より，命題の主張を得る．　□

命題 5.2 において特に $\chi=\mathbf{1}$（恒等指標）とすると，次の系を得る．

系

$$
\frac{1}{1-\alpha^k}\int_{\mathbb{Z}_p^\times}x^{k-1}dE_{1,\alpha}=(1-p^{k-1})\frac{B_k}{k}
$$

5.2　クンマーの合同式の証明

この節では一般ベルヌーイ数に対するクンマーの合同式を証明し，その系として，クンマーの合同式（定理 1.5）を導く．原始的ディリクレ指標 χ に対し，$\chi^n=\mathbf{1}$ をみたす最小の正の整数 n を χ の位数といい，$\mathrm{ord}\,\chi$ と表す．たとえば，タイヒミュラー指標 ω に対し，$\mathrm{ord}\,\omega=p-1$ である．

定理 5.3 k, k' を正の整数，χ を $\chi\omega^k$ の位数が p のべきでない原始的ディリクレ指標，すなわち，ord $(\chi\omega^k) \neq p^e$ $(e \geqq 0)$ をみたす指標とする．さらに，$p=2$ かつ $k=1$ のとき $\chi \neq \mathbf{1}$ とする．

(1) $\dfrac{B_{k,\chi}}{k} \in \mathbb{Z}_p[\mathrm{Im}\chi]$ である．

(2) ある正の整数 N に対し，$k \equiv k' \pmod{(p-1)p^N}$ ならば，

$$(1-\chi(p)p^{k-1})\frac{B_{k,\chi}}{k} \equiv (1-\chi(p)p^{k'-1})\frac{B_{k',\chi}}{k'} \pmod{p^{N+1}\mathbb{Z}_p[\mathrm{Im}\chi]}$$

が成り立つ．

注意 この定理を $\chi = \mathbf{1}$（恒等指標）に対し適用すると，$\mathbb{Z}_p[\mathrm{Im}\chi] \cap \mathbb{Q} = \mathbb{Z}_{(p)}$ より，定理 1.5（クンマーの合同式）が得られる．また，$k \equiv k' \pmod{p^N}$ をみたす正の整数 k, k' に対する一般ベルヌーイ数 $B_{k,\chi\omega^{-k}}, B_{k',\chi\omega^{-k'}}$ の合同式も知られている[*1]．

定理 5.3 の証明 χ の導手を $f = dp^n$ $(n \geqq 0, p \nmid d)$ とおく．仮定より ord $(\chi\omega^k) \neq p^e$ $(e \geqq 0)$ であり，1 のべき乗根 $\zeta \in \overline{\mathbb{Q}}_p$ の位数が p^e $(e \geqq 0)$ でなければ，$1-\zeta \in \mathbb{Z}_p[\mathrm{Im}\chi]^\times$ なので，次をみたす整数 α が存在する．

$$(\alpha, dp) = 1, \quad 1-\chi\omega^k(\alpha) \in \mathbb{Z}_p[\mathrm{Im}\chi]^\times$$

このとき，

$$1-\chi(\alpha)\alpha^k \equiv 1-\chi\omega^k(\alpha) \pmod{p\mathbb{Z}_p[\mathrm{Im}\chi]}$$

から

$$1-\chi(\alpha)\alpha^k \in \mathbb{Z}_p[\mathrm{Im}\chi]^\times \tag{5.3}$$

である．

(1) $k=1$ のとき．補題 1.19 より，

$$B_{1,\chi} = \sum_{a=1}^{f} \chi(a) B_1\left(\frac{a}{f}\right)$$

---

*1 [Wa]，第 7 章 Exercise 7.5 参照．

$$= \sum_{a=1}^{f} \chi(a) \left(\frac{a}{f} - \frac{1}{2} \right) \tag{5.4}$$

である．$p \neq 2$ のとき，

$$\frac{1}{2} \sum_{a=1}^{f} \chi(a) \in \mathbb{Z}_p[\mathrm{Im}\chi]$$

であり，$p = 2$ のときは仮定 $\chi \neq \mathbf{1}$ より，

$$\frac{1}{2} \sum_{a=1}^{f} \chi(a) = 0$$

である．また，

$$(1 - \chi(\alpha)\alpha) \sum_{a=1}^{f} \chi(a)a \equiv 0 \pmod{f\mathbb{Z}_p[\mathrm{Im}\chi]}$$

かつ（5.3）から

$$\sum_{a=1}^{f} \chi(a)a \in f\mathbb{Z}_p[\mathrm{Im}\chi]$$

である．以上より（5.4）から，$B_{1,\chi} \in \mathbb{Z}_p[\mathrm{Im}\chi]$ である．

次に $k \neq 1$ とする．このとき，$1 - p^{k-1}\chi(p) \in \mathbb{Z}_p[\mathrm{Im}\chi]^{\times}$，（5.3），命題 5.2 から

$$\begin{aligned} \left| \frac{B_{k,\chi}}{k} \right|_p &= \frac{1}{|1 - p^{k-1}\chi(p)|_p |1 - \chi(\alpha)\alpha^k|_p} \times \left| \int_{\mathcal{X}^*} \chi \ pr_p^{k-1} \ dE_{1,\alpha} \right|_p \\ &= \left| \int_{\mathcal{X}^*} \chi \ pr_p^{k-1} \ dE_{1,\alpha} \right|_p \end{aligned}$$

である．90 ページの系より，$\mathcal{X}^*$ の任意のコンパクト開集合 U に対し，$E_{1,\alpha}(U) \in \mathbb{Z}_p$ であるから，

$$|E_{1,\alpha}(U)|_p \leqq 1$$

である．また任意の $x \in \mathcal{X}^*$ に対し，

$$|\chi(x) \ pr_p^{k-1}(x)|_p \leqq 1$$

であること補題 4.16（1）より，

$$\left| \frac{B_{k,\chi}}{k} \right|_p = \left| \int_{\mathcal{X}^*} \chi \ pr_p^{k-1} \ dE_{1,\alpha} \right|_p \leqq 1$$

を得る．

(2) $k \equiv k' \pmod{(p-1)p^N}$ より，任意の $x \in \mathscr{X}^*$ に対し，

$$\chi(x)\ pr_p^{k-1}(x) \equiv \chi(x)\ pr_p^{k'-1}(x) \pmod{p^{N+1}\mathbb{Z}_p[\mathrm{Im}\chi]}$$

であるから，

$$|\chi(x)\ pr_p^{k-1}(x) - \chi(x)\ pr_p^{k'-1}(x)|_p \leqq p^{-(N+1)}$$

である．よって補題 4.16 (2) より，

$$\left| \int_{\mathscr{X}^*} \chi\ pr_p^{k-1}\ dE_{1,\alpha} - \int_{\mathscr{X}^*} \chi\ pr_p^{k'-1}\ dE_{1,\alpha} \right|_p \leqq p^{-(N+1)}$$

を得る．また $k \equiv k' \pmod{(p-1)p^N}$ より，

$$1 - \chi(\alpha)\alpha^k \equiv 1 - \chi(\alpha)\alpha^{k'} \pmod{p^{N+1}\mathbb{Z}_p[\mathrm{Im}\chi]}$$

である．よって命題 5.2 から

$$(1-\chi(p)p^{k-1})\frac{B_{k,\chi}}{k} \equiv (1-\chi(p)p^{k'-1})\frac{B_{k',\chi}}{k'} \pmod{p^{N+1}\mathbb{Z}_p[\mathrm{Im}\chi]}$$

が成り立つことが分かる．□

5.3 p 進ゼータ関数と p 進 L 関数

この節では，p 進積分を用いて，p 進ゼータ関数，p 進 L 関数を定義する．定理 3.2（一致の定理）より，次の定義 5.4 で与えられる p 進 L 関数は第 3 章で与えられた p 進 L 関数と一致することが分かる．

2.7 節，5.1 節で述べたことにより，任意の $|s|_p < qp^{-1/(p-1)}$ をみたす $s \in \mathbb{C}_p$ に対し，写像

$$\mathscr{X}^* \longrightarrow \mathbb{C}_p, \quad x \mapsto \langle pr_p(x) \rangle^{-s}$$

は連続写像である．

定義 5.4　導手 $f = dp^n$ $(n \geqq 0, p \nmid d)$ の原始的ディリクレ指標 χ に対し，p 進 L 関数

$$\{s \in \mathbb{C}_p \mid |s|_p < qp^{-1/(p-1)}\} \longrightarrow \mathbb{C}_p,\ s \mapsto L_p(s, \chi)$$

を

$$L_p(s, \chi) = -\frac{1}{1 - \chi(\alpha)\langle\alpha\rangle^{1-s}} \int_{\mathscr{X}^*} \chi\omega^{-1}(x)\langle pr_p(x)\rangle^{-s} dE_{1,\alpha}$$

と定める．

次の定理 5.5 と第 3 章の定理 3.2（一致の定理），定理 3.4（1）から，定義 5.4 で与えられた p 進 L 関数は，定義 3.3 で与えられた関数と一致することが分かる．

定理 5.5　任意の正の整数 k に対し，

$$\begin{aligned} L_p(1-k, \chi) &= -(1 - \chi\omega^{-k}(p)p^{k-1})\frac{B_{k,\chi\omega^{-k}}}{k} \\ &= (1 - \chi\omega^{-k}(p)p^{k-1})L(1-k, \chi\omega^{-k}) \end{aligned}$$

が成り立つ．

証明　命題 5.2 より，

$$\begin{aligned} &\int_{\mathscr{X}^*} \chi\omega^{-1}(x)\langle pr_p(x)\rangle^{k-1} dE_{1,\alpha} \\ &= \int_{\mathscr{X}^*} \chi\omega^{-k}(x) pr_p(x)^{k-1} dE_{1,\alpha} \\ &= (1 - \chi(\alpha)\langle\alpha\rangle^k)(1 - \chi\omega^{-k}(p)p^{k-1})\frac{B_{k,\chi\omega^{-k}}}{k} \end{aligned}$$

である．後半の主張は命題 1.10 より従う．　□

第6章

p進L関数と岩澤理論

p 進整数環 $\mathbb{Z}_p$ に値をとる p 進測度は，$\mathbb{Z}_p$ 上の完備群環の元と 1 対 1 に対応する．この対応により，p 進積分で定義された p 進 L 関数は完備群環が作用する代数的対象と関係づけられる．p 進 L 関数と完備群環の関係に最初に着目したのは岩澤健吉であり，このことが岩澤理論の構築につながっていく．この章では，p 進 L 関数と岩澤理論の関係について解説する[*1]．

6.1 イデアル類群と類数

F を代数体，O_F を F の整数環とする．F の有限生成な部分 O_F 加群で零イデアル $\{0\}$ と異なるものを F の分数イデアルという．環 O_F の零イデアル以外のイデアルは分数イデアルであるが，これを F の整イデアルとよぶ．F の分数イデアル全体の集合 I_F は積：

$$\mathfrak{a}\mathfrak{b} = \left\{ \sum_{\text{有限和}} ab \,\middle|\, a \in \mathfrak{a}, b \in \mathfrak{b} \right\} \quad (\mathfrak{a}, \mathfrak{b} \in I_F)$$

に関し O_F を単位元とするアーベル群である．代数体の整数環はデデキント環とよばれる良い性質を持つ環である．特に O_F においては，以下の素イデアル分解の一意性が成り立つ．

素イデアル分解の一意性

F の任意の分数イデアル $\mathfrak{a}$ $(\neq O_F)$ は，

$$\mathfrak{a} = \mathfrak{p}_1^{e_1} \cdots \mathfrak{p}_r^{e_r}, \quad e_1, \cdots, e_r \in \mathbb{Z} \setminus \{0\}$$

（$\mathfrak{p}_1, \cdots, \mathfrak{p}_r$ は相異なる O_F の素イデアル）の形に表すことができ，この表し方は素イデアルの順を除き一意的である．

---

*1 岩澤理論は [Wa] 以外に日本語の専門書 [KKS2]，[O] に発展的な内容とともに丁寧に解説されている．

第 2 章の始めで述べたように，代数体 F の整数環 O_F の元は素元の積に一意的に分解できるとは限らない．しかし，イデアルという単位では，素イデアルの積に一意的に分解されることを上記の主張は述べている．

F の分数イデアル $\mathfrak{a}$ が上記のように素イデアル分解されているとき，O_F の任意の素イデアル $\mathfrak{p}$ に対し，

$$\mathrm{ord}_{\mathfrak{p}}(\mathfrak{a}) = \begin{cases} e_i & (\text{ある } i\ (1 \leqq i \leqq r) \text{ に対し，} \mathfrak{p} = \mathfrak{p}_i \text{ のとき}) \\ 0 & (\text{上記以外のとき}) \end{cases}$$

と定め，$\alpha \in F^{\times}$ に対しては，α が生成する分数イデアル (α) に対し，$\mathrm{ord}_{\mathfrak{p}}(\alpha) = \mathrm{ord}_{\mathfrak{p}}((\alpha))$ と定める．F の分数イデアル全体の集合がなす群 I_F の部分群 P_F を

$$P_F = \{(\alpha) \mid \alpha \in F^{\times}\}$$

と定義する．剰余群 I_F/P_F は有限群であり，この有限アーベル群 $\mathrm{Cl}_F = I_F/P_F$ を F のイデアル類群，その位数 $h_F = \sharp\mathrm{Cl}_F$ を F の類数とよぶ．第 2 章で述べた素元分解整域（$\mathbb{Z}$ と同様の性質をもつ環）と類数について以下が成り立つ．

$$\begin{aligned} O_F \text{ は素元分解整域} &\iff O_F \text{ は単項イデアル整域} \\ &\iff I_F = P_F \\ &\iff h_F = 1 \end{aligned}$$

イデアル類群や類数は代数体の重要な不変量であり，知られていないことも多くある．特に，類数 1 の代数体が無限個存在するかという問題は現在未解決であり，ガウスはこの予想よりも強い，類数 1 の実 2 次体が無限個存在することを予想している．

6.2 岩澤類数公式

p を素数，

$$q = \begin{cases} p & (p \neq 2 \text{ のとき}) \\ 4 & (p = 2 \text{ のとき}) \end{cases}$$

とおく．円分体 $\mathbb{Q}(\zeta_{qp^m})$ $(m \geqq 0)$ に対し，$\mathbb{Q}_m$ を

$$\mathbb{Q} \subset \mathbb{Q}_m \subset \mathbb{Q}(\zeta_{qp^m}), \qquad \mathrm{Gal}(\mathbb{Q}_m/\mathbb{Q}) \simeq \mathbb{Z}/p^m\mathbb{Z}$$

をみたす $\mathbb{Q}(\zeta_{qp^m})/\mathbb{Q}$ の唯一つの中間体とする.

$$\mathbb{Q}_\infty = \bigcup_{m \geqq 0} \mathbb{Q}_m$$

とおくと $\mathbb{Q}_\infty/\mathbb{Q}$ はガロア拡大でそのガロア群 $\mathrm{Gal}(\mathbb{Q}_\infty/\mathbb{Q})$ は加法群 $\mathbb{Z}_p$ と同型である. 代数体 F に対し,

$$F_\infty = F\mathbb{Q}_\infty$$

とおくと, $\mathrm{Gal}\ (F_\infty/F)$ も $\mathbb{Z}_p$ と同型である. F_∞/F を**円分 $\mathbb{Z}_p$ 拡大**という. F 上 p^m 次巡回拡大体である F_∞/F の唯一つの中間体を F_m とおく.

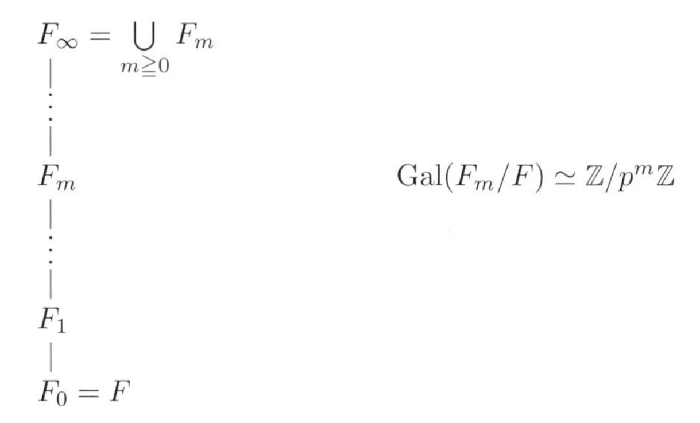

岩澤健吉は, この体の塔 F_∞/F の中間体の類数に関し成り立つ, 次のような美しい公式を証明した[*2].

岩澤類数公式

$\mathrm{Cl}_m\{p\}$ を F_m のイデアル類群の p シロー部分群とする. ある整数 $\lambda(F)$ $(\geqq 0)$, $\mu(F)$ $(\geqq 0)$, $\nu(F)$, m_0 $(\geqq 0)$ が存在し,

$$\sharp\mathrm{Cl}_m\{p\} = p^{\lambda(F)m+\mu(F)p^m+\nu(F)}$$

が $m \geqq m_0$ をみたすすべての整数 m に対し成り立つ.

この公式の証明は代数的手法により与えられる. イデアル類群へのガロア群の作用を考えることが証明の鍵である. 岩澤類数公式に現れる整数 $\lambda(F), \mu(F), \nu(F)$ は岩

---

*2 この定理は一般に $\mathrm{Gal}(F_\infty/F) \simeq \mathbb{Z}_p$ をみたす任意の $\mathbb{Z}_p$ 拡大 F_∞/F に対して成り立つ.

澤不変量とよばれ，岩澤理論における重要な研究対象である．また類体論から，Cl_m は F_m の最大不分岐アーベル拡大のガロア群と同型であることから，岩澤類数公式は円分 $\mathbb{Z}_p$ 拡大 F_∞/F の中間体の最大不分岐アーベル p 拡大の拡大次数に関する関係式ともみなせる[*3]．総実代数体 F，すなわち F の複素数体 $\mathbb{C}$ へのすべての埋め込み $\sigma : F \hookrightarrow \mathbb{C}$ に対し $\sigma(F) \subset \mathbb{R}$ をみたす体 F に対しては，次のように予想されている[*4]．

グリンバーグ予想[*5]

F が総実代数体ならば，すべての素数 p に対し，

$$\lambda(F) = \mu(F) = 0$$

が成り立つ．

グリーンバーグ予想が正しいことが証明されている体は有理数体のみである．また，μ 不変量に関しては，一般の代数体 F に関し，以下のことが岩澤健吉により予想されている．

$\mu = 0$ 予想

F を任意の代数体とする．すべての素数 p に対し，

$$\mu(F) = 0$$

が成り立つ．

$\mathbb{Q}$ 上のアーベル拡大体に対しては，フェレロ–ワシントンにより次のことが証明されている[*6]．

---

*3　尾崎学氏によって “アーベル” を仮定しない最大不分岐 p 拡大に関する岩澤理論（非アーベル岩澤理論）が提唱されている．この理論は代数的整数論に重きを置く独創的な理論である．

*4　[Gree] 参照．

*5　グリンバーグ予想に関しては，予想が成り立つための判定条件や計算例，さらに予想が成り立つ総実代数体の無限族の構成などに関する多くの結果があり，日本人研究者に依るものが多い．たとえば実 2 次体に関しては [FK]，[FT]，[OT]，[Mi]，実アーベル体に関しては [IS1]，[IS2]，[Ts] を参照．また総実体以外の代数体に対しても同様の予想（一般グリンバーグ予想）が定式化されている．詳細は [14]，藤井俊氏の稿参照．

*6　[FW] 参照．

定理 6.1 F が $\mathbb{Q}$ 上のアーベル拡大体であれば，すべての素数 p に対し，

$$\mu(F) = 0$$

が成り立つ．

［例 1］ 有理数体 $\mathbb{Q}$ のとき，すべての素数 p に対し，$\lambda(\mathbb{Q}) = \mu(\mathbb{Q}) = \nu(\mathbb{Q}) = 0$.

［例 2］ 虚 2 次体 $F = \mathbb{Q}(\sqrt{-107})$，素数 $p = 3$ のときを考える．

$$\begin{array}{ccccl}
 & \mathbb{Q}_\infty & \text{——} & F_\infty & \\
 & | & & | & \\
 & \vdots & & \vdots & \\
 & | & & | & \\
\mathbb{Q}(\zeta_{3^4} + \zeta_{3^4}^{-1}) = & \mathbb{Q}_3 & \text{——} & F_3 & \mathrm{Cl}_{F_3}\{3\} \simeq \mathbb{Z}/27\mathbb{Z} \times \mathbb{Z}/81\mathbb{Z} \\
 & | & & 3\,| & \\
\mathbb{Q}(\zeta_{3^3} + \zeta_{3^3}^{-1}) = & \mathbb{Q}_2 & \text{——} & F_2 & \mathrm{Cl}_{F_2}\{3\} \simeq \mathbb{Z}/9\mathbb{Z} \times \mathbb{Z}/27\mathbb{Z} \\
 & | & & 3\,| & \\
\mathbb{Q}(\zeta_{3^2} + \zeta_{3^2}^{-1}) = & \mathbb{Q}_1 & \text{——} & F_1 & \mathrm{Cl}_{F_1}\{3\} \simeq \mathbb{Z}/3\mathbb{Z} \times \mathbb{Z}/9\mathbb{Z} \\
 & | & & 3\,| & \\
 & \mathbb{Q} & \underset{2}{\text{——}} & F_0 = F & \mathrm{Cl}_{F_0}\{3\} \simeq \mathbb{Z}/3\mathbb{Z}
\end{array}$$

一般に，任意の整数 $m \geqq 0$ に対し，

$$\mathrm{Cl}_{F_m}\{3\} \simeq \mathbb{Z}/3^m\mathbb{Z} \times \mathbb{Z}/3^{m+1}\mathbb{Z}, \quad \sharp\mathrm{Cl}_{F_m}\{3\} = 3^{2m+1}$$

であり，F の $p = 3$ に対する 岩澤不変量は，$\lambda(F) = 2$，$\mu(F) = 0$，$\nu(F) = 1$ である[*7].

6.3 p 進測度と完備群環

d を p で割れない整数とし，$q_m = qp^m d$ $(m \geqq 0)$ とおく．円分体 $K_m = \mathbb{Q}(\zeta_{q_m})$ の $\mathbb{Q}$ 上のガロア群 G_m =Gal$(K_m/\mathbb{Q})$ は

$$G_m = \mathrm{Gal}(K_m/\mathbb{Q}) \simeq \Delta \times \Gamma_m,$$

[*7] イデアル類群の計算は，Magma（計算機代数ソフトウェア）に依る．

$$\Delta = \mathrm{Gal}(K_0/\mathbb{Q}), \qquad \Gamma_m = \mathrm{Gal}(K_m/K_0)$$

と分解し,

$$G_m \simeq (\mathbb{Z}/q_m\mathbb{Z})^\times, \quad \sigma_a \mapsto a \ (\zeta_{q_m}^{\sigma_a} = \zeta_{q_m}^a),$$
$$\Delta \simeq (\mathbb{Z}/qd\mathbb{Z})^\times, \quad \Gamma_m \simeq \mathbb{Z}/p^m\mathbb{Z}$$

が成り立つ．K_m のイデアル類群の p シロー部分群を $\mathrm{Cl}_m\{p\}$ とおく．$\mathbb{Z}_p$ と G_m が作用するので，$\mathrm{Cl}_m\{p\}$ は群環 $\mathbb{Z}_p[G_m]$ 上の加群である．$K_\infty = \bigcup_{m \geqq 0} K_m$ は K_0 上の円分 $\mathbb{Z}_p$ 拡大体であり,

$$G_\infty = \mathrm{Gal}(K_\infty/\mathbb{Q}), \quad \Gamma = \mathrm{Gal}(K_\infty/K_0) \simeq \mathbb{Z}_p$$

とおくと,

$$G_\infty \simeq \Delta \times \Gamma$$

が成り立つ.

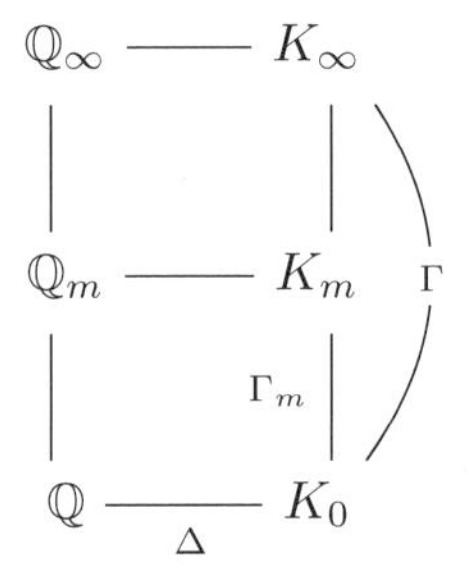

ガロア群の制限写像 $G_m \to G_n$ $(m \geqq n)$ から誘導される写像による群環 $\mathbb{Z}_p[G_m]$ の射影的極限

$$\mathbb{Z}_p[[G_\infty]] = \varprojlim_m \mathbb{Z}_p[G_m] = \varprojlim_m \mathbb{Z}_p[\Delta][\Gamma_m]$$

をガロア群 G_∞ の完備群環という．以降，第 4 章と同じ記号を用いる.

$$\mathscr{X}^* = (\mathbb{Z}/d\mathbb{Z})^\times \times \mathbb{Z}_p^\times$$

とおく．$\mathscr{X}^*$ 上の p 進測度 μ とは写像

$$\mu : \{U \mid \mathscr{X}^* \text{のコンパクト集合}\} \longrightarrow \mathbb{C}_p$$

で次の 2 条件をみたすものであった.

(i) 有限加法性

(ii) 有界性

このような p 進測度で $\mathscr{X}^*$ の任意のコンパクト開集合 U に対し, $\mu(U) \in \mathbb{Z}_p$ をみたすもの全体を $\mathrm{Meas}(\mathscr{X}^*, \mathbb{Z}_p)$ とおく.

$$\mathrm{Meas}(\mathscr{X}^*, \mathbb{Z}_p) = \{\mu \mid \mathscr{X}^* \text{上の } p \text{ 進測度, } \mathrm{Im}\ \mu \subset \mathbb{Z}_p\}$$

定理 4.12 で示したように, ベルヌーイ p 進測度 $E_{k,\alpha}$ は $\mathrm{Meas}(\mathscr{X}^*, \mathbb{Z}_p)$ の元である. 一方, 乗法群 $\mathscr{X}^*$ は $K_\infty/\mathbb{Q}$ のガロア群 G_∞ と同型である.

$$\mathscr{X}^* \simeq (\mathbb{Z}/qd\mathbb{Z})^\times \times \mathbb{Z}_p \simeq G_\infty$$

以下に示すように集合 $\mathrm{Meas}(\mathscr{X}^*, \mathbb{Z}_p)$ は完備群環 $\mathbb{Z}_p[[G_\infty]]$ の元と 1 対 1 に対応し, これにより 5.3 節においてベルヌーイ p 進測度を用いて定義した p 進 L 関数の情報が完備群環へ伝達される. ここで

$$N_m = v_p(q_m)$$

とおく.

補題 6.2 写像:

$$\begin{aligned} &\mathrm{Meas}(\mathscr{X}^*, \mathbb{Z}_p) \longrightarrow \mathbb{Z}_p[[G_\infty]], \\ &\mu \mapsto (\cdots, x_m, \cdots), \quad x_m = \sum_{a \in (\mathbb{Z}/q_m\mathbb{Z})^\times} \mu(I_{a,N_m})\sigma_a \ \in \mathbb{Z}_p[G_m] \end{aligned}$$

は全単射である.

証明 $\mu \in \mathrm{Meas}(\mathscr{X}^*, \mathbb{Z}_p)$ とする. $m \geqq n$ のとき制限写像 $G_m \to G_n$ に対し, μ の有限加法性から

$$\begin{aligned} x_m &= \sum_{a \in (\mathbb{Z}/q_m\mathbb{Z})^\times} \mu(I_{a,N_m})\sigma_a \\ &\mapsto \sum_{b \in (\mathbb{Z}/q_n\mathbb{Z})^\times} \sigma_b \sum_{\substack{a \in (\mathbb{Z}/q_m\mathbb{Z})^\times \\ a \equiv b \ (\mathrm{mod}\ q_n)}} \mu(I_{a,N_m}) = \sum_{b \in (\mathbb{Z}/q_n\mathbb{Z})^\times} \mu(I_{b,N_n})\sigma_b = x_n \end{aligned}$$

であるから, $(\cdots, x_m, \cdots) \in \mathbb{Z}_p[[G_\infty]]$ である.

逆に $(\cdots, x_m, \cdots) \in \mathbb{Z}_p[[G_\infty]]$, $x_m = \sum_{a \in (\mathbb{Z}/q_m\mathbb{Z})^\times} k_a \sigma_a$ に対し，写像 $\mu : \mathscr{I}^* \to \mathbb{C}_p$ を $I_{a,N_m} \in \mathscr{I}^*$ に対し，$\mu(I_{a,N_m}) = k_a$ で定めれば，$x_{m+1} \mapsto x_m$ から

$$\sum_{r=0}^{p-1} \mu(I_{b+rq_m, N_{m+1}}) = \mu(I_{b,N_m})$$

が成り立つので，定理 4.6 から $\mu \in \mathrm{Meas}(\mathscr{X}^*, \mathbb{Z}_p)$ である． □

補題 6.2 の対応で，ベルヌーイ p 進測度 $E_{1,\alpha} \in \mathrm{Meas}(\mathscr{X}^*, \mathbb{Z}_p)$ に対応する完備群環 $\mathbb{Z}_p[[G_\infty]]$ の元 $\theta_\infty = (\cdots, \theta_m, \cdots)$ を求める．

$$\mathrm{Meas}(\mathscr{X}^*, \mathbb{Z}_p) \longrightarrow \mathbb{Z}_p[[G_\infty]], \quad E_{1,\alpha} \mapsto \theta_\infty = (\cdots, \theta_m, \cdots)$$

補題 4.10 より，

$$\begin{aligned}
\theta_m &= \sum_{a \in (\mathbb{Z}/q_m\mathbb{Z})^\times} E_{1,\alpha}(I_{a,N_m})\sigma_a \\
&= \sum_{\substack{1 \leqq a \leqq q_m \\ (a,pd)=1}} \left\{ \frac{1}{2}(\alpha - 1) + \alpha q_m^{-1}(\alpha^{-1}a - \{\alpha^{-1}a\}_{N_m}) \right\} \sigma_a \\
&= \frac{1}{2} \sum_{\substack{1 \leqq a \leqq q_m \\ (a,pd)=1}} (\alpha - 1)\sigma_a + \sum_{\substack{1 \leqq a \leqq q_m \\ (a,pd)=1}} q_m^{-1} a \sigma_a - \sum_{\substack{1 \leqq a \leqq q_m \\ (a,pd)=1}} \alpha q_m^{-1} \{\alpha^{-1}a\}_{N_m} \sigma_a \\
&= \frac{1}{2}(\alpha\sigma_\alpha - 1) \sum_{\substack{1 \leqq a \leqq q_m \\ (a,pd)=1}} \sigma_a + \sum_{\substack{1 \leqq a \leqq q_m \\ (a,pd)=1}} q_m^{-1} a \sigma_a - \alpha\sigma_\alpha \sum_{\substack{1 \leqq a \leqq q_m \\ (a,pd)=1}} q_m^{-1} a \sigma_a \\
&= (1 - \alpha\sigma_\alpha) \sum_{\substack{1 \leqq a \leqq q_m \\ (a,pd)=1}} \left(\frac{a}{q_m} - \frac{1}{2} \right) \sigma_a
\end{aligned}$$

を得る．群環の同型

$$\iota_m : \ \mathbb{Z}_p[G_m] \xrightarrow{\sim} \mathbb{Z}_p[G_m], \quad \sum_{\sigma \in G_m} k_\sigma \sigma \mapsto \sum_{\sigma \in G_m} k_\sigma \sigma^{-1}$$

が誘導する同型を

$$\iota : \ \mathbb{Z}_p[[G_\infty]] \xrightarrow{\sim} \mathbb{Z}_p[[G_\infty]]$$

とおく．$\iota_m(\theta_m) \in \mathbb{Z}_p[G_m]$ はスティッケルベルガー元であり，円分体 $K_m = \mathbb{Q}(\zeta_{q_m})$ のイデアル類群を零化することがスティッケルベルガーによって証明されている．よって解析的対象である p 進 L 関数は代数的対象であるイデアル類群と p 進測度（また

は完備群環の元）を介して関係付けられることが分かる．

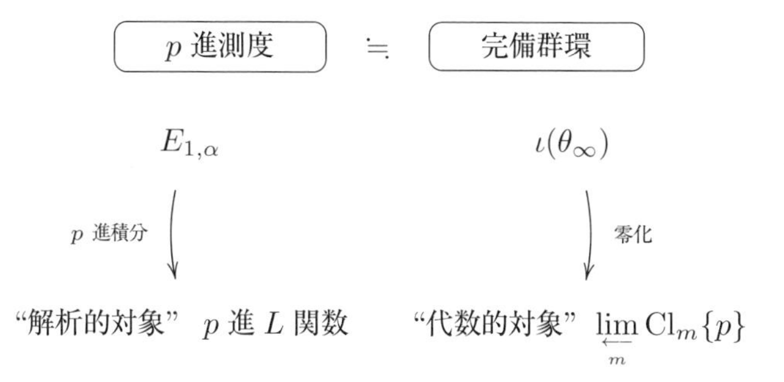

χ を導手 $f = dp^e$ $(e \geqq 0,\ p \nmid d)$ の原始的ディリクレ指標とする．$1 + q\mathbb{Z}_p$ の位相的生成元 $1 + q_0$ に対し，同型 $\Gamma \simeq 1 + q\mathbb{Z}_p$ で対応する Γ の元を γ とおく．完備群環 $\mathbb{Z}_p[\mathrm{Im}\chi][[\Gamma]] = \varprojlim \mathbb{Z}_p[\mathrm{Im}\chi][\Gamma_m]$ は対応 $\gamma \mapsto 1 + T$ で一変数べき級数環 $\mathbb{Z}_p[\mathrm{Im}\chi][[T]]$ と同型である．

$$\begin{array}{ccccc} \psi: & \mathbb{Z}_p[\mathrm{Im}\chi][[\Gamma]] & \xrightarrow{\sim} & \mathbb{Z}_p[\mathrm{Im}\chi][[T]], & \gamma \mapsto 1+T \\ & \downarrow & & \downarrow & \\ & \mathbb{Z}_p[\mathrm{Im}\chi][\Gamma_m] & \xrightarrow{\sim} & \mathbb{Z}_p[\mathrm{Im}\chi][T]/(\omega_m(T)) & \end{array}$$

ここで，$\omega(T) = (1+T)^{p^m} - 1$ である．pd と素な整数 a に対し，整数 $i_m(a)$ $(0 \leqq i_m(a) < p^m)$ を

$$(\mathbb{Z}/q_m\mathbb{Z})^\times \simeq (\mathbb{Z}/q_0\mathbb{Z})^\times \times \langle 1 + q_0 \rangle_{\mathbb{Z}}, \quad a \mapsto (a, (1+q_0)^{i_m(a)})$$

と定める．$\langle 1 + q_0 \rangle_{\mathbb{Z}}$ $(\simeq \mathbb{Z}/p^m\mathbb{Z})$ は $1 + q_0 \bmod q_m$ が生成する $(\mathbb{Z}/q_m\mathbb{Z})^\times$ の部分群である．また，

$$i(a) = \varprojlim i_m(a) \in \varprojlim \mathbb{Z}/p^m\mathbb{Z} \simeq \mathbb{Z}_p$$

とおく．$\theta_\infty = (\cdots, \theta_m, \cdots)$ を補題 6.2 後で求めたベルヌーイ測度 $E_{1,\alpha}$ に対応する完備群環 $\mathbb{Z}_p[[G_\infty]]$ の元とする．群環の準同型写像

$$\xi_{\chi^{-1}\omega}:\ \mathbb{Z}_p[[G_\infty]] \longrightarrow \mathbb{Z}_p[\mathrm{Im}\chi][[\Gamma]], \quad \sigma \mapsto \chi^{-1}\omega(\sigma)\ \sigma|_{K_\infty} \tag{6.1}$$

に対し，$\mathbb{Z}_p[\mathrm{Im}\chi][[T]]$ の商体 $Q(\mathbb{Z}_p[\mathrm{Im}\ \chi][[T]])$ の元 $G_\chi(T)$ を

$$G_\chi(T) = -\frac{1}{1-\alpha\chi\omega^{-1}(\alpha)(1+T)^{-i(\alpha)}}\ \psi\circ\xi_{\chi^{-1}\omega}\circ\iota(\theta_\infty)\in Q(\mathbb{Z}_p[\mathrm{Im}\chi][[T]]) \tag{6.2}$$

と定める. (6.1), (6.2) より, 任意の第二種の指標 ψ に対し, 次の等式が成り立つ.

補題 6.3

$$G_{\chi\psi}(T) = G_\chi(\psi(1+q_0)^{-1}(1+T)-1)$$

(6.2) で得られたべき級数 $G_\chi(T)$ は p 進 L 関数 $L_p(s,\chi)$ と次のような関係がある.

定理 6.4　任意の $s\in\mathbb{C}_p$, $|s|_p < qp^{-1/(p-1)}$ に対し,

$$L_p(s,\chi) = G_\chi((1+q_0)^s-1)$$

が成り立つ.

証明　一致の定理（定理 3.2）から, 任意の正の整数 n に対し,

$$L_p(1-n,\chi) = G_\chi((1+q_0)^{1-n}-1)$$

を示せばよい. 正の整数 m を $v_p(q_m)\geqq v_p(f)=e$ をみたすように十分大きくとる. このとき導手 f の原始的ディリクレ指標 χ は $G_m=\mathrm{Gal}(K_m/\mathbb{Q})$ の指標とみなせる.

$$\begin{aligned}\eta_{\chi^{-1}\omega}(T) &= 1-\alpha\chi\omega^{-1}(\alpha)(1+T)^{-i(\alpha)}\\ &= \varprojlim(1-\alpha\chi\omega^{-1}(\alpha)(1+T)^{-i_m(\alpha)})\ \in\mathbb{Z}_p[\mathrm{Im}\chi][[T]]\end{aligned}$$

とおくと, 同型

$$\mathbb{Z}_p[\mathrm{Im}\chi][[T]]\simeq\varprojlim\mathbb{Z}_p[\mathrm{Im}\chi][T]/(\omega_m(T))$$

と $G_\chi(T)$ の定義から,

$$\begin{aligned}\eta_{\chi^{-1}\omega}(T)G_\chi(T) &\equiv -(1-\alpha\chi\omega^{-1}(\alpha)(1+T)^{-i_m(\alpha)})\\ &\quad\times\sum_{\substack{1\leqq a\leqq q_m\\(a,pd)=1}}\left(\frac{a}{q_m}-\frac{1}{2}\right)\chi\omega^{-1}(a)(1+T)^{-i_m(a)}\pmod{\omega_m(T)}\end{aligned} \tag{6.3}$$

である．ここで α を $\alpha \neq \pm 1$ をみたすようにとる．$\alpha = \omega(\alpha)(1+q_0)^{i(\alpha)}$ より，

$$\begin{aligned}\eta_{\chi^{-1}\omega}((1+q_0)^{1-n}-1) &= 1-\alpha\chi\omega^{-1}(\alpha)(1+q_0)^{(n-1)i(\alpha)}\\ &= 1-\alpha^n\chi\omega^{-n}(\alpha) \neq 0\end{aligned}$$

である．$\nu_n = v_p(1-\alpha^n\chi\omega^{-n}(\alpha)) \in \mathbb{Q}$ とおく．また，

$$\omega_m((1+q_0)^{1-n}-1) = (1+q_0)^{p^m(1-n)}-1 \equiv 0 \pmod{q_m}$$

より，(6.3) から $v_p(q_m) \geqq \nu_n$ をみたす任意の整数 m に対し，

$$G_\chi((1+q_0)^{1-n}-1) + \sum_{\substack{1\leqq a\leqq q_m\\(a,pd)=1}} \left(\frac{a}{q_m}-\frac{1}{2}\right)\chi\omega^{-1}(a)(1+q_0)^{(n-1)i_m(a)} \in q_m p^{-\nu_n}\mathbb{Z}_p[\mathrm{Im}\chi]$$

が成り立つ．極限 $m\to\infty$ を考えることにより，

$$\begin{aligned}
&G_\chi((1+q_0)^{1-n}-1)\\
&= -\lim_{m\to\infty}\sum_{\substack{1\leqq a\leqq q_m\\(a,pd)=1}} \left(\frac{a}{q_m}-\frac{1}{2}\right)\chi\omega^{-1}(a)(1+q_0)^{(n-1)i_m(a)}\\
&= -\frac{1}{1-\chi(\alpha)\langle\alpha\rangle^n}\lim_{m\to\infty}\Bigg\{(1-\chi(\alpha)(1+q_0)^{ni_m(\alpha)})\\
&\qquad\qquad \times\sum_{\substack{1\leqq a\leqq q_m\\(a,pd)=1}} \left(\frac{a}{q_m}-\frac{1}{2}\right)\chi\omega^{-1}(a)(1+q_0)^{(n-1)i_m(a)}\Bigg\}\\
&= -\frac{1}{1-\chi(\alpha)\langle\alpha\rangle^n}\lim_{m\to\infty}\Bigg\{\sum_{\substack{1\leqq a\leqq q_m\\(a.pd)=1}} \left(\frac{a}{q_m}-\frac{1}{2}\right)\chi\omega^{-1}(a)(1+q_0)^{(n-1)i_m(a)}\\
&\qquad -\sum_{\substack{1\leqq a\leqq q_m\\(a,pd)=1}} \left(\frac{a}{q_m}-\frac{1}{2}\right)\omega(\alpha)(1+q_0)^{i_m(\alpha)}\chi\omega^{-1}(\alpha a)(1+q_0)^{(n-1)i_m(\alpha a)}\Bigg\}\\
&= -\frac{1}{1-\chi(\alpha)\langle\alpha\rangle^n}\lim_{m\to\infty}\Bigg\{\sum_{\substack{1\leqq a\leqq q_m\\(a,pd)=1}} \left(\frac{a}{q_m}-\frac{1}{2}\right)\chi\omega^{-1}(a)(1+q_0)^{(n-1)i_m(a)}
\end{aligned}$$

$$- \sum_{\substack{1 \leqq a \leqq q_m \\ (a,pd)=1}} \left(\frac{\{\alpha^{-1}b\}_{N_m}}{q_m} - \frac{1}{2} \right) \omega(\alpha)(1+q_0)^{i_m(\alpha)} \chi\omega^{-1}(b)(1+q_0)^{(n-1)i_m(b)} \Biggr\}$$

$$= -\frac{1}{1-\chi(\alpha)\langle\alpha\rangle^n} \lim_{m\to\infty} \sum_{\substack{1 \leqq a \leqq q_m \\ (a,pd)=1}} \left\{ \left(\frac{a}{q_m} - \frac{1}{2} \right) - \omega(\alpha)(1+q_0)^{i_m(\alpha)} \right.$$

$$\left. \times \left(\frac{\{\alpha^{-1}a\}_{N_m}}{q_m} - \frac{1}{2} \right) \right\} \chi\omega^{-1}(a)(1+q_0)^{(n-1)i_m(a)}$$

を得る．さらに補題 4.10 を用いると，$N_m = v_p(q_m)$ に対し，

$$\begin{aligned} G_\chi((1+q_0)^{1-n}-1) &= -\frac{1}{1-\chi(\alpha)\langle\alpha\rangle^n} \lim_{m\to\infty} \sum_{\substack{1 \leqq a \leqq q_m \\ (a,pd)=1}} \chi\omega^{-n}(a)\langle a\rangle^{n-1} E_{1,\alpha}(I_{a,N_m}) \\ &= -\frac{1}{1-\chi(\alpha)\langle\alpha\rangle^n} \int_{\mathscr{X}^*} \chi\omega^{-n}(x) pr_p(x)^{n-1} dE_{1,\alpha} \\ &= -\frac{1}{1-\chi(\alpha)\langle\alpha\rangle^n} \int_{\mathscr{X}^*} \chi\omega^{-1}(x) \langle pr_p(x)\rangle^{n-1} dE_{1,\alpha} \\ &= L_p(1-n,\chi) \end{aligned}$$

を得る．最後の等式は p 進 L 関数の定義（定義 5.4）を用いた．よって任意の正の整数 n に対し，

$$G_\chi((1+q_0)^{1-n}-1) = L_p(1-n,\chi)$$

となり，定理の主張を得る． □

p 進 L 関数はベルヌーイ p 進測度 $E_{1,\alpha}$ の α のとり方に依らないので，定理より $G_\chi(T)$ も α に依らないことがわかる．こうしてべき級数環 $\mathbb{Z}_p[\mathrm{Im}\chi][[T]] \simeq \mathbb{Z}_p[\mathrm{Im}\chi][[\Gamma]]$ の元に姿を変えた p 進 L 関数は，拡大体の列 $K_0 \subset K_1 \subset \cdots \subset K_\infty$ に現れる様々な代数的対象に作用する．

6.4 岩澤主予想

この節では，χ を第一種原始的ディリクレ指標とし，その導手を $f=d$ または dq $(p \nmid d)$ と表す．χ は円分体 $K_0 = \mathbb{Q}(\zeta_{q_0})$ のガロア群 $\mathrm{Gal}(K_0/\mathbb{Q})$ の指標とみなせる．次が成り立つ[*8]．

[*8] たとえば，[Wa]，Proposition 7.6 参照．

(1) $\chi \neq \mathbf{1}$ のとき.

$$\frac{1}{2}\sum_{\substack{1\leqq a\leqq q_m \\ (a,pd)=1}}\left(\frac{a}{q_m}-\frac{1}{2}\right)\chi\omega^{-1}(a)(1+T)^{-i_m(a)} \quad \in \mathbb{Z}_p[\mathrm{Im}\chi][T]/(\omega_m(T))$$

(2) $\chi = \mathbf{1}$ のとき.

$$\frac{1}{2}(1-(1+q_0)(1+T)^{-1})\sum_{\substack{1\leqq a\leqq q_m \\ (a,pd)=1}}\left(\frac{a}{q_m}-\frac{1}{2}\right)\chi\omega^{-1}(a)(1+T)^{-i_m(a)} \in \mathbb{Z}_p[\mathrm{Im}\chi][T]/(\omega_m(T))$$

よって，(6.3) において $\alpha = 1 + q_0$ とすると，以下の主張が得られる.

(1) $\chi \neq \mathbf{1}$ のとき.

$$\frac{1}{2}G_\chi(T) \in \mathbb{Z}_p[\mathrm{Im}\chi][[T]]$$

(2) $\chi = \mathbf{1}$ のとき.

$$\frac{1}{2}(1-(1+q_0)(1+T)^{-1})G_\chi(T) \in \mathbb{Z}_p[\mathrm{Im}\chi][[T]]$$

次にイデアル類群からべき級数環 $\mathbb{Z}_p[\mathrm{Im}\chi][[T]]$ の元を定義する．円分体 $K_m = \mathbb{Q}(\zeta_{q_m})$ のイデアル類群の p シロー部分群 $\mathrm{Cl}_m\{p\}$ に対し，$X_\infty = \varprojlim \mathrm{Cl}_m\{p\}$ を体のノルムに関する射影極限とする．$\mathrm{Cl}_m\{p\}$ は $\mathbb{Z}_p[G_m]$ 加群なので，X_∞ は $\varprojlim \mathbb{Z}_p[G_m] = \mathbb{Z}_p[[G_\infty]]$ 加群である．X_∞ は有限生成ねじれ $\mathbb{Z}_p[[\Gamma]]$ 加群であることが知られている．O_χ を $\mathbb{Z}_p[\mathrm{Im}\chi]$ に以下の $\Delta = \mathrm{Gal}(K_0/\mathbb{Q})$ の作用を入れた環とする.

$$\sigma a = \chi(\sigma)a \quad (\sigma \in \Delta,\ a \in O_\chi)$$

任意の $\mathbb{Z}_p[\Delta]$ 加群 M に対し，$O_\chi[\Delta]$ 加群 M_χ を

$$M_\chi = M \underset{\mathbb{Z}_p[\Delta]}{\otimes} O_\chi$$

と定義し，この加群を M の χ 商とよぶ．$\mathbb{Z}_p[[G_\infty]] = \mathbb{Z}_p[[\Delta \times \Gamma]]$ 加群 X_∞ の χ 商 $X_{\infty,\chi}$ は有限生成ねじれ $\mathbb{Z}_p[\mathrm{Im}\chi][[\Gamma]]$ 加群である．群環 $\mathbb{Z}_p[\mathrm{Im}\chi][[\Gamma]]$ は対応 $\gamma \mapsto$

$1+T$ により，一変数べき級数環 $\Lambda_\chi = \mathbb{Z}_p[\mathrm{Im}\chi][[T]]$ と同型である．

Λ_χ 加群の構造定理

任意の有限生成ねじれ Λ_χ 加群 M に対し，有限個の既約元 $f_1, \cdots, f_n \in \Lambda_\chi$ (重複を許す)，正の整数 $e_1, \cdots, e_n$ および Λ_χ 加群の準同型写像

$$\varphi\colon\ M \longrightarrow \Lambda_\chi/(f_1^{e_1}) \oplus \cdots \oplus \Lambda_\chi/(f_n^{e_n})$$

でその核 $\mathrm{Ker}\varphi$ と余核 $\mathrm{Coker}\varphi$ が位数有限であるものが存在する．

ここで，一般に整域 R の既約元 x $(\in R)$ とは，$x \notin \{0\} \cup R^\times$ であり，$x = ab$ $(a, b \in R)$ ならば $a \in R^\times$ または $b \in R^\times$ が成り立つ元のことである．また，R 加群の準同型写像 $\varphi : M \to N$ に対し，φ の余核を $\mathrm{Coker}\varphi = N/\mathrm{Im}\varphi$ と定義する．上記の構造定理に現れる既約元の積が生成する Λ_χ の単項イデアル $(f_1^{e_1} \cdots f_n^{e_n})$ は有限生成ねじれ Λ_χ 加群 M に対し，一意的に定まる．このイデアルを M の**特性イデアル**とよび，

$$\mathrm{char}_{\Lambda_\chi}(M) = (f_1^{e_1} \cdots f_n^{e_n})$$

と表す．岩澤健吉は p 進 L 関数を完備群環 $\mathbb{Z}_p[\mathrm{Im}\chi][[\Gamma]]$ の元と捉えることで，代数的対象 $X_\infty = \varprojlim \mathrm{Cl}_m\{p\}$ との関係を見出し，以下のような形で定式化した．

岩澤主予想

χ を第一種原始的ディリクレ指標で，奇指標とする．このとき，

$$\mathrm{char}_{\Lambda_\chi}(X_{\infty,\chi}) = \begin{cases} \left(\dfrac{1}{2} G_{\chi^{-1}\omega}(T)\right) & (\chi \neq \omega) \\ \\ \left(\dfrac{1}{2}(1-(1+q_0)(1+T)^{-1}) G_{\chi^{-1}\omega}(T)\right) & (\chi = \omega) \end{cases}$$

が成り立つ．

この岩澤主予想はメイザー–ワイルズ[*9] によって 1984 年に χ の位数を割らない 2 以外の素数 p に対し，保型形式を用いた不分岐拡大（すべての素点が不分岐であ

[*9] [MW] 参照．

る拡大）構成により証明された．その後，条件を仮定しない証明がワイルズ，グライター[*10]により与えられた．保型形式を用いた手法では，上記主張の Λ_χ 加群としてのイデアルの等式

$$\text{代数的対象のイデアル} \quad = \quad \text{解析的対象のイデアル}$$

の半分の主張

$$\text{代数的対象のイデアル} \quad \subset \quad \text{解析的対象のイデアル}$$

が得られる．特性イデアル $\mathrm{char}_{\Lambda_\chi}(X_{\infty,\chi})$ の定義から，これはイデアル類群（不分岐拡大）が十分大きいことを意味する．一方，コルヴァーギン[*11]によって発見された代数的元から構成されるオイラー系を用いると，イデアル類群が小さいことが証明され，逆側の主張

$$\text{代数的対象のイデアル} \quad \supset \quad \text{解析的対象のイデアル}$$

が得られる[*12]．これら半分の主張から解析的類数公式を用いて予想の等式が証明される．岩澤主予想は，現在では総実代数体上の p 進リー拡大や楕円曲線，保型形式などへ広く一般化されている．

[例]　導手 $f = 107$ の第一種原始的ディリクレ指標

$$\chi : (\mathbb{Z}/107\mathbb{Z})^\times \to \{\pm 1\}, \quad \chi(a) = \left(\frac{a}{107}\right)$$

に対し，べき級数 $G_{\chi^{-1}\omega}(T) \in \Lambda_\chi = \mathbb{Z}_3[[T]]$ は多項式

$$P(T) = T^2 + aT,$$
$$a = 2 \times 3^2 + 2 \times 3^3 + 3^4 + 2 \times 3^5 + 3^6 + \cdots \in \mathbb{Z}_3$$

とある単数 $U(T) \in \Lambda_\chi^\times$ に対し，$G_{\chi^{-1}\omega}(T) = P(T)U(T)$ で与えられる[*13]．χ は 6.2 節終りの［例 2］の虚 2 次体 $F = \mathbb{Q}(\sqrt{-107})$ に対するガロア群 $\mathrm{Gal}(F/\mathbb{Q})$

---

*10　[Wi]，[Grei] 参照．

*11　オイラー系の一般論に対しては，[Kol]，[MR] 参照．

*12　円単数のオイラー系を用いた証明は，[La] の Appendix，[Grei]，ガウス和のオイラー系を用いた証明は，[Ao] 参照．

*13　水澤靖氏の岩澤多項式計算プログラムに依る．

の奇指標である．円分体 $K_m = \mathbb{Q}(\zeta_{q_m})$（$q_m = 107 \times 3^{m+1}$）に対し，$3 \nmid [K_0 : \mathbb{Q}] = 212$ かつ $\mathrm{Cl}_{F_m}\{3\}_{\mathbf{1}} = \{0\}$（$\mathbf{1}$ は恒等指標）から任意の整数 $m \geqq 0$ に対し，$\mathrm{Cl}_{K_m}\{3\}_\chi \simeq \mathrm{Cl}_{F_m}\{3\}_\chi \simeq \mathrm{Cl}_{F_m}\{3\}$ であり，

$$X_{\infty,\chi} = \varprojlim \mathrm{Cl}_{K_m}\{3\}_\chi \simeq \varprojlim \mathrm{Cl}_{F_m}\{3\}$$

が成り立つ．$F = \mathbb{Q}(\sqrt{-107}\,)$ の岩澤不変量 $\lambda(F) = 2$ は岩澤主予想から，上記多項式 $P(T) = T^2 + aT$ の次数に対応していることが分かる．

6.5　素数べき分体の岩澤理論

この章の最後に p 進的な現象が最もきれいに現れる p べき分体の岩澤理論を $p \neq 2$ を仮定して紹介する．$p \neq 2$ とし，m を非負整数とする．

$$F = F_0 = \mathbb{Q}(\zeta_p), \qquad F_m = \mathbb{Q}(\zeta_{p^{m+1}}), \qquad F_\infty = \bigcup_{m \geqq 0} F_m$$

とおく．各円分体のガロア群は，

$$\begin{aligned} \Delta &= \mathrm{Gal}(F/\mathbb{Q}) \simeq (\mathbb{Z}/p\mathbb{Z})^\times, \\ G_m &= \mathrm{Gal}(F_m/\mathbb{Q}) \simeq (\mathbb{Z}/p^{m+1}\mathbb{Z})^\times \\ G_\infty &= \mathrm{Gal}(F_\infty/\mathbb{Q}) \simeq \mathbb{Z}_p^\times \end{aligned}$$

であり，Δ の指標 $\widehat{\Delta}$ はタイヒミュラー指標 ω で生成される位数 $p-1$ の巡回群である．

$$\widehat{\Delta} = \mathrm{Hom}(\Delta, \mathbb{C}_p^\times) = \langle \omega \rangle = \{\omega^0\ (= \mathbf{1}),\ \omega^1,\ \cdots,\ \omega^{p-2}\}$$

指標 $\chi = \omega^i \in \widehat{\Delta}$ は i が偶数のとき偶指標であり，奇数のとき奇指標である．また任意の指標 $\chi \in \widehat{\Delta}$ の像は 1 の $p-1$ 乗根であり，$\mathbb{Z}_p$ はこれらを含むので，$\mathbb{Z}_p[\mathrm{Im}\chi] = \mathbb{Z}_p$ である．指標 $\chi \in \widehat{\Delta}$ に対し，

$$e_\chi = \frac{1}{p-1} \sum_{\sigma \in \Delta} \chi(\sigma)\sigma^{-1} \in \mathbb{Z}_p[\Delta]$$

とおく．e_χ の偶指標，奇指標に関し和をとった $\mathbb{Z}_p[\Delta]$ の元を

$$e_+ = \sum_{\substack{\chi \in \widehat{\Delta} \\ \text{偶指標}}} e_\chi, \qquad e_- = \sum_{\substack{\chi \in \widehat{\Delta} \\ \text{奇指標}}} e_\chi$$

とおく．同型 $\Delta \simeq (\mathbb{Z}/p\mathbb{Z})^{\times}$, $\sigma_a \mapsto a$ $(\zeta_p^{\sigma_a} = \zeta_p^a)$ に対し，$J = \sigma_{-1}$ とおくと，J は $F = \mathbb{Q}(\zeta_p)$ 上の複素共役写像であり，

$$e_+ = \frac{1+J}{2}, \quad e_- = \frac{1-J}{2}, \quad e_+ + e_- = 1$$

が成り立つ．任意の $\mathbb{Z}_p[\Delta]$ 加群 M に対し，

$$M_\chi = e_\chi M, \quad M^+ = e_+ M, \quad M^- = e_- M$$

とおくと，M は次のように直和分解される．

$$M = M^+ \oplus M^- = \bigoplus_{\chi \in \widehat{\Delta}} M_\chi$$

M^+, M^- を M のプラスパート，マイナスパートという．M_χ は 6.4 節で定義した χ 商に等しい．イデアル類群 $\mathrm{Cl}_m\{p\}$ の指標分解

$$\mathrm{Cl}_m\{p\} = \bigoplus_{\chi \in \widehat{\Delta}} \mathrm{Cl}_m\{p\}_\chi \tag{6.4}$$

に伴い，6.2 節の岩澤類数公式も指標ごとに分解する．

岩澤類数公式（χ 商）

任意の $\chi \in \widehat{\Delta}$ に対し，ある整数 $\lambda_\chi(F)$ $(\geqq 0)$, $\mu_\chi(F)$ $(\geqq 0)$, $\nu_\chi(F)$, m_χ $(\geqq 0)$ が存在し，

$$\sharp\mathrm{Cl}_m\{p\}_\chi = p^{\lambda_\chi(F)m + \mu_\chi(F)p^m + \nu_\chi(F)}$$

が $m \geqq m_\chi$ をみたすすべての整数 m に対し成り立つ．

分解（6.4）から

$$\lambda(F) = \sum_{\chi \in \widehat{\Delta}} \lambda_\chi(F), \quad \mu(F) = \sum_{\chi \in \widehat{\Delta}} \mu_\chi(F), \quad \nu(F) = \sum_{\chi \in \widehat{\Delta}} \nu_\chi(F)$$

である．p が正則素数，すなわち $\mathrm{Cl}_{\mathbb{Q}(\zeta_p)}\{p\} = 0$ ならば，すべての $\chi \in \widehat{\Delta}$ に対し，$\lambda_\chi(F) = \mu_\chi(F) = \nu_\chi(F) = 0$ である．また，$\chi = \mathbf{1}, \omega$ のとき，任意の非負整数 m に対し，$\mathrm{Cl}_m\{p\}_\chi = 0$ であることが分かり，

$$\lambda_{\mathbf{1}}(F) = \mu_{\mathbf{1}}(F) = \nu_{\mathbf{1}}(F) = 0, \quad \lambda_\omega(F) = \mu_\omega(F) = \nu_\omega(F) = 0$$

が成り立つ．また，定理 6.1 から，すべての $\chi \in \widehat{\Delta}$ に対し，$\mu_\chi(F) = 0$ である．$\chi = \omega^{p-3}$ のときは $\mathrm{Cl}_{\mathbb{Q}(\zeta_p)}\{p\}_{\omega^{p-3}} = \{0\}$ が示されていて，これより $\lambda_{\omega^{p-3}}(F) = \mu_{\omega^{p-3}}(F) = \nu_{\omega^{p-3}}(F) = 0$ が得られる[*14]．

$\Lambda = \mathbb{Z}_p[[T]]$ とおく．

ワイエルシュトラスの準備定理[*15]

任意の $f(T) \in \Lambda \setminus \{0\}$ に対し，

$$f(T) = p^\mu P(T) U(T)$$

をみたす非負整数 μ, 単数 $U(T) \in \Lambda^\times$ と以下の形の多項式 $P(T) \in \mathbb{Z}_p[T]$ が存在する．

$$P(T) = \sum_{k=0}^{n} a_k T^k, \quad a_0, a_1, \cdots, a_{n-1} \in p\mathbb{Z}_p, \quad a_n = 1$$

このとき，$\lambda(f) = \deg P(T)$, $\mu(f) = \mu$ と表し，べき級数 $f(T)$ の λ 不変量，μ 不変量という．

任意の $\chi \in \widehat{\Delta}$ に対し，$\lambda_\chi(F), \mu_\chi(F)$ は Λ の単項イデアル $\mathrm{char}_\Lambda(X_{\infty,\chi})$ の生成元の λ 不変量，μ 不変量であることが分かる．代数的不変量 $\lambda_\chi(F)$, $\mu_\chi(F)$ は岩澤主予想から p 進 L 関数を与えるべき級数 $G_{\chi^{-1}\omega}(T)$ の λ, μ 不変量と一致するので，

$$\lambda_\chi(F) = \begin{cases} \lambda(G_{\chi^{-1}\omega}(T)) & (\chi \neq \omega) \\ \lambda((1-(1+q_0)(1+T)^{-1})G_{\chi^{-1}\omega}(T)) & (\chi = \omega), \end{cases}$$

$$(0 =)\ \mu_\chi(F) = \begin{cases} \mu(G_{\chi^{-1}\omega}(T)) & (\chi \neq \omega) \\ \mu((1-(1+q_0)(1+T)^{-1})G_{\chi^{-1}\omega}(T)) & (\chi = \omega) \end{cases}$$

である．

1 の p^m 乗根 $\mu_{p^m} = \mu_{p^m}(\mathbb{C})$ への $G_\infty = \mathrm{Gal}(F_\infty/\mathbb{Q})$ の作用を表す群の同型写像

$$\kappa:\ G_\infty \xrightarrow{\sim} \mathbb{Z}_p^\times, \quad \zeta^{\kappa(\sigma)} = \zeta^\sigma\ (\sigma \in G_\infty,\ \zeta \in \bigcup_{m \geqq 0} \mu_{p^m})$$

を円分指標とよぶ．任意の整数 i に対し，$\mathbb{Z}_p(i)$ を群として $\mathbb{Z}_p$ に同型であり，$G_\infty = \mathrm{Gal}(F_\infty/\mathbb{Q})$ の作用が円分指標を用いて

[*14] 栗原将人氏に依る [Kur]．
[*15] [Wa]，Theorem7.3 参照．

$$\sigma a = \kappa^i(\sigma)a \quad (\sigma \in G_\infty,\ a \in \mathbb{Z}_p(i))$$

で与えられるものとする．さらに任意の $\mathbb{Z}_p$ 加群 M に対し，

$$M(i) = M \underset{\mathbb{Z}_p}{\otimes} \mathbb{Z}_p(i)$$

と定める．$F_{m,\Sigma}/F_m$ を，p を割る素イデアル以外の素イデアルは不分岐な最大の代数拡大とし，そのガロア群を $G_\Sigma(F_m) = \mathrm{Gal}(F_{m,\Sigma}/F_m)$ とおく．p 進 L 関数の整数における値はコホモロジー群

$$H^2(G_\Sigma(F_m), \mathbb{Z}_p(i)) = \varprojlim_m H^2(G_\Sigma(F_m), \mathbb{Z}/p^m\mathbb{Z}(i))$$

の有限性と関係する．同型

$$H^2(G_\Sigma(F_m), \mathbb{Z}_p(i)) \simeq X_\infty(i-1)_{\Gamma^{p^m}}$$

が成り立ち，これより

$$H^2(G_\Sigma(F_m), \mathbb{Z}_p(i)) = \bigoplus_{j=0}^{p-2} H^2(G_\Sigma(F_m), \mathbb{Z}_p(i))_{\omega^j},$$
$$H^2(G_\Sigma(F_m), \mathbb{Z}_p(i))_{\omega^j} \simeq X_{i,j-i+1}^{(m)}(i-1)$$

を得る．ここで整数 $m\ (\geqq 0), i, j$ に対し，

$$X_{i,j}^{(m)} = X_{\omega^j}/(\gamma^{p^m} - (1+p)^{(1-i)p^m})X_{\omega^j}$$

である．$H^2(G_\Sigma(F_m), \mathbb{Z}_p(i))$ は $i = 1$ のとき，F_m のイデアル類群の p シロー部分群である．

$$H^2(G_\Sigma(F_m), \mathbb{Z}_p(1)) \simeq (X_\infty)_{\Gamma^{p^m}} \simeq \mathrm{Cl}_m\{p\},$$
$$X_{1,j}^{(m)} = \mathrm{Cl}_m\{p\}_{\omega^j}$$

p が正則素数のとき，任意の m, i, j に対し，$X_{i,j}^{(m)} = 0$ である．$F = \mathbb{Q}(\zeta_p)$ の最大実部分体 $F^+ = \mathbb{Q}(\zeta_p + \zeta_p^{-1})$ のイデアル類群に関し，以下のことが予想されている．

ヴァンディバー予想

$$\mathrm{Cl}_{F^+}\{p\} = 0$$

$\mathrm{Cl}_{F^+}\{p\} = 0$ ならば，以下が成り立つ．

(1) 偶数 j に対し，$X_{i,j}^{(m)} = 0$.

(2) 奇数 j に対し，$X_{i,j}^{(m)}$ は Λ 加群として一つの元で生成される．

加群 $X_{i,j}^{(m)}$ の位数の有限性については，次が成り立つ．

j を $j \not\equiv 1 \pmod{p-1}$ をみたす奇数とする．

$$\sharp X_{i,j}^{(m)} < \infty \iff \text{任意の導手 } p^{m+1} \text{ の第二種の指標 } \psi \text{ に対し，} \quad L_p(1-i, \omega^{1-j}\psi) \neq 0$$

j を $j \not\equiv 1 \pmod{p-1}$ をみたす奇数とする．$i \geqq 1$ に対し，$L_p(1-i, \omega^{1-j}\psi) \neq 0$ は定理 3.4 (1) より分かる．また $i = 0$ のときも F_m の最大実部分体 $F_m^+ = \mathbb{Q}(\zeta_{p^{m+1}} + \zeta_{p^{m+1}}^{-1})$ に対する等式

$$\frac{2^{[F_m^+:\mathbb{Q}]-1} h_{F_m^+} R_p(F_m^+)}{\sqrt{D_{F_m^+}}} = \prod_{\substack{\chi : G_m \text{の偶指標} \\ \chi \neq \mathbf{1}}} (1 - \chi(p)p^{-1}) L_p(1, \chi)$$

ここで，$h_{F_m^+}$，$D_{F_m^+}$，$R_p(F_m^+)$ はそれぞれ F_m^+ の類数，判別式，p 進単数規準であり，代数体 F_m^+ の重要な不変量である．p 進単数規準 $R_p(F_m^+)$（$\in \mathbb{C}_p$）の定義は 8.5 節で与える．奇素数 p に対する $F_m^+ = \mathbb{Q}(\zeta_{p^{m+1}} + \zeta_{p^{m+1}}^{-1})$ の判別式は

$$D_{F_m^+} = p^{\{(m+1)p^{m+1} - (m+2)p^m - 1\}/2}$$

である．$R_p(F_m^+) \neq 0$（8.5 節参照）から $L_p(1, \omega^{1-j}\psi) \neq 0$ が従うが $i \leqq -1$ に対し，$L_p(1-i, \omega^{1-j}\psi) \neq 0$ が成り立つかは知られていない．

第7章

総実代数体上のp進L関数

n 次代数体 F は複素数体 $\mathbb{C}$ への n 個の埋め込み（体の単射準同型写像）$\sigma : F \hookrightarrow \mathbb{C}$ をもつ．すべての埋め込み σ に対し，$\sigma(F) \subset \mathbb{R}$ であるとき，F を総実代数体といい，すべての埋め込み σ に対し，$\sigma(F) \not\subset \mathbb{R}$ であるとき F を総虚な代数体という．第3〜5章では，次のようなディリクレの L 関数の0以下の整数における値の情報をもつ p 進 L 関数を構成した．

n を正の整数とする．

$$L_p(1-n, \chi) = (1 - \chi\omega^{-n}(p)p^{n-1})L(1-n, \chi\omega^{-n})$$
$$= -(1 - \chi\omega^{-n}(p)p^{n-1})\frac{B_{n,\chi\omega^{-n}}}{n}$$

法 n に関するディリクレ指標は，乗法群 $(\mathbb{Z}/n\mathbb{Z})^{\times}$ を定義域とする写像とみなすことができたが，この群は以下で定義する有理数体 $\mathbb{Q}$ の狭義射類群と同型である．一般の総実代数体 F の狭義射類群を定義域にもつ $\mathbb{C}^{\times}$ への準同型写像を一般ディリクレ指標（または代数的ヘッケ指標）といい，このような指標に付随した L 関数の0以下の整数における情報をもつような p 進 L 関数の構成について考える．この p 進 L 関数は，1970年代終わりにドリーニュ–リベット，バースキー，カシュー・ノゲス[*1]により構成された．ドリーニュ–リベットと後者2人の構成方法は大きく異なったことは興味深い．ドリーニュ–リベットはヒルベルト保型形式を用い，バースキーとカシュー・ノゲスは部分ゼータ関数を新谷のゼータ関数（7.4節）へ分解するという手法をとる．この章では，後者の方法のアイデアを第3〜5章のディリクレ指標に付随する p 進 L 関数の構成と比較しながら解説する．

[*1] [DR]，[Bar]，[Cas] 参照．

7.1　狭義射類群と一般ディリクレ指標（代数的ヘッケ指標）

F を総実代数体，$\mathfrak{n}$ $(\neq \{0\})$ を F の整イデアルとする．F の分数イデアル $\mathfrak{a}$ の素イデアル分解に $\mathfrak{n}$ が現れないとき，$\mathfrak{a}$ と $\mathfrak{n}$ は互いに素であるといい，記号 $(\mathfrak{a}, \mathfrak{n}) = 1$ と表す．F の分数イデアル全体の集合がなす群 I_F の部分群 $I(\mathfrak{n})$ を

$$I(\mathfrak{n}) = \{\mathfrak{a} \in I_F \mid (\mathfrak{a}, \mathfrak{n}) = 1\},$$

$P_F = \{(\alpha) \mid \alpha \in F^\times\}$ の部分群 $P_+(\mathfrak{n})$ を

$$P_+(\mathfrak{n}) = \{(\alpha) \mid \alpha \in F^\times,\ \alpha \equiv 1 \pmod{\mathfrak{n}},\ \alpha \gg 0\}$$

とおく．ここで $\alpha \equiv 1 \pmod{\mathfrak{n}}$ は $\mathfrak{n}$ を割る任意の素イデアル $\mathfrak{p}$ に対し，$\mathrm{ord}_\mathfrak{p}(\alpha - 1) \geqq \mathrm{ord}_\mathfrak{p}(\mathfrak{n})$ を表し，$\alpha \gg 0$ は α が総正であること，すなわち F のすべての埋め込み $\sigma : F \hookrightarrow \mathbb{R}$ に対し，$\sigma(\alpha) > 0$ を意味する．剰余群 $\mathrm{Cl}(\mathfrak{n}) = I(\mathfrak{n})/P_+(\mathfrak{n})$ は有限アーベル群であり，これを $\mathfrak{n}$ を法とする**狭義射類群**とよぶ．

[例]

$F = \mathbb{Q}$, $\mathfrak{n} = (n)$ $(n \in \mathbb{Z} \setminus \{0\})$ のとき，

$$I(\mathfrak{n}) = \{(ab^{-1}) \mid a, b \in \mathbb{Z} \setminus \{0\}, (a, \mathfrak{n}) = (b, \mathfrak{n}) = 1,\ ab^{-1} > 0\}$$
$$P_+(\mathfrak{n}) = \{(ab^{-1}) \mid a, b \in \mathbb{Z} \setminus \{0\}, (a, \mathfrak{n}) = (b, \mathfrak{n}) = 1,\ a \equiv b \pmod{\mathfrak{n}},\ ab^{-1} > 0\}$$

であり，$\mathfrak{n}$ を法とする狭義射類群は

$$\mathrm{Cl}(\mathfrak{n}) = I(\mathfrak{n})/P_+(\mathfrak{n}) \simeq (\mathbb{Z}/n\mathbb{Z})^\times, \quad (ab^{-1}) \mapsto ab^{-1} \pmod{\mathfrak{n}}$$

である．

よって，法 n に関するディリクレ指標の定義域である乗法群 $(\mathbb{Z}/n\mathbb{Z})^\times$ は有理数体 $\mathbb{Q}$ の整イデアル (n) を法とする狭義射類群である．

定義 7.1　代数体 F の法 $\mathfrak{n}$ に関する狭義射類群 $\mathrm{Cl}(\mathfrak{n})$ に対し，群の準同型写像

$$\chi :\ \mathrm{Cl}(\mathfrak{n}) \to \mathbb{C}^\times$$

を**一般ディリクレ指標（または代数的ヘッケ指標）**という．

ディリクレ指標と同様に，$(\mathfrak{a},\mathfrak{n})\neq 1$ である分数イデアル $\mathfrak{a}$ に対し，$\chi(\mathfrak{a})=0$ と定めることで χ は I_F を定義域とする写像 $\chi: I_F\to\mathbb{C}$ とみなせる．また，$\mathfrak{n}$ で割れる任意の整イデアル $\mathfrak{m}$ $(\neq\{0\})$ に対し，

$$\widetilde{\chi}:\ \mathrm{Cl}(\mathfrak{m})\to\mathrm{Cl}(\mathfrak{n})\xrightarrow{\chi}\mathbb{C}^\times$$

も一般ディリクレ指標である．$\widetilde{\chi}$ を χ から導かれる指標という．一般ディリクレ指標 χ が法 $\mathfrak{f}$ に関する指標から導かれ，$\mathfrak{f}$ を割る整イデアル $\mathfrak{n}$ を法とする指標からは導かれないとき，$\mathfrak{f}$ を χ の導手という．また，法 $\mathfrak{n}$ に関する一般ディリクレ指標 χ に対し，χ の導手が $\mathfrak{n}$ 自身のとき，χ を原始的一般ディリクレ指標という．

7.2 コーツの条件

p で割れない正の整数 d に対し，$\mathscr{X}^*=(\mathbb{Z}/d\mathbb{Z})^\times\times\mathbb{Z}_p$ とおく．また，k を正の整数とする．第 5 章ではベルヌーイ p 進測度 $E_{k,\alpha}$ を用いてディリクレ指標 χ に付随する p 進 L 関数を構成した．この p 進測度は定理 4.12，定理 4.13 で示したように次のような良い p 進的性質をもつ．

ベルヌーイ p 進測度の性質

α を $(\alpha,pd)=1$ をみたす整数，$I_{a,N}\in\mathscr{I}^*$ とする．

（整性）$E_{k,\alpha}(I_{a,N})\in\mathbb{Z}_p\qquad(k\geqq 1)$

（合同条件）$E_{k,\alpha}(I_{a,N})\equiv a^{k-1}E_{1,\alpha}(I_{a,N})\ (\mathrm{mod}\ p^N\mathbb{Z}_p)\qquad(k\geqq 2)$

正の整数 m と $(c,m)=1$ をみたす $c\in\mathbb{Q}^\times$ に対し，部分リーマンゼータ関数を

$$\zeta_m(s,c)=\sum_{\substack{n=1\\ n\equiv c\,(\mathrm{mod}\ m)}}^{\infty}\frac{1}{n^s}$$

と定義すると，$\zeta_m(s,c)$ は $\mathrm{Re}(s)>1$ をみたす複素数 s に対し絶対収束し，複素平面上の有理型関数に解析接続される．

▶**注意**　第 5 章の p 進 L 関数の構成（特に定義 5.4 と p 進 L 関数の一意性）を考えると，整数 α は構成において補助的な役割をしているだけなので，p 進 L 関数を構成するためには上記 “ベルヌーイ p 進測度の性質” は $(\alpha,pd)=1$ をみたすある整数 α

に対して成り立てば十分である.

$(b, pd) = 1$ をみたす任意の整数 b に対し,

$$\delta_k(b, \alpha; dp^N) = \alpha^k \zeta_{dp^N}(1-k, b) - \zeta_{dp^N}(1-k, b\alpha) \tag{7.1}$$

とおくと, $1 \leqq c \leqq m$ をみたす整数 c に対し, 部分リーマンゼータ関数の 0 以下の整数における値はベルヌーイ多項式 $B_n(x)$ を用いて

$$\zeta_m(1-k, c) = -\frac{m^{k-1}}{k} B_k\left(\frac{c}{m}\right) \tag{7.2}$$

で与えられることから,

$$\delta_k(b, \alpha; dp^N) = \frac{(dp^N)^{k-1}}{k}\left\{B_k\left(\frac{\{b\alpha\}_N}{dp^N}\right) - \alpha^k B_k\left(\frac{\{b\}_N}{dp^N}\right)\right\}$$

である. $a = \{b\alpha\}_N$ とおくと, $0 \leqq a < dp^N$, $(a, dp) = 1$ であり,

$$\begin{aligned}\delta_k(b, \alpha; dp^N) &= \frac{(dp^N)^{k-1}}{k}\left\{B_k\left(\frac{a}{dp^N}\right) - \alpha^k B_k\left(\frac{\{\alpha^{-1}a\}_N}{dp^N}\right)\right\} \\ &= \frac{1}{k}\{\mu_{B,k}(I_{a,N}) - \alpha^k \mu_{B,k}(I_{\{\alpha^{-1}a\}_N, N})\} \\ &= E_{k,\alpha}(I_{a,N})\end{aligned}$$

を得る. よって, 上記の “ベルヌーイ p 進測度の性質” は部分リーマンゼータ関数の性質に書き換えられる.

部分リーマンゼータ関数の 0 以下の整数における性質

α, b を $(\alpha, pd) = (b, pd) = 1$ をみたす整数とする.

(整性) $\delta_k(b, \alpha; dp^N) \in \mathbb{Z}_p \quad (k \geqq 1)$

(合同条件) $\delta_k(b, \alpha; dp^N) \equiv (b\alpha)^{k-1}\delta_1(b, \alpha; dp^N) \pmod{p^N\mathbb{Z}_p} \quad (k \geqq 2)$

一般ディリクレ指標に付随する p 進 L 関数が構成される前に, コーツ[*2]は上記 2 つの性質 (整性), (合同条件) を仮定すると p 進 L 関数が構成できることを指摘して

[*2] [Coa] 参照.

いたため，あとはこの 2 条件を証明することが残されていた．この 2 条件は "コーツの条件" とよばれている．総実代数体 F 上の部分ゼータ関数は，F の整イデアル $\mathfrak{n}$ ($\neq \{0\}$) と $(\mathfrak{c}, \mathfrak{n}) = 1$ をみたす F の分数イデアル $\mathfrak{c}$ に対し，

$$\zeta_{\mathfrak{n}}(s, \mathfrak{c}) = \sum_{\substack{\mathfrak{a} \in [\mathfrak{c}] \\ \text{整イデアル}}} \frac{1}{N\mathfrak{a}^s}$$

で与えられる．ここで $[\mathfrak{c}]$ は $\mathfrak{c}$ で代表される狭義射類群 $\mathrm{Cl}(\mathfrak{n})$ の元を表し，$N\mathfrak{a}$ はイデアルノルム $N\mathfrak{a} = \sharp O_F/\mathfrak{a}$ である．F の整イデアル $\mathfrak{a}$ ($\neq \{0\}$)，$\mathfrak{b}$ ($\neq \{0\}$) に対し，$N(\mathfrak{a}\mathfrak{b}) = N\mathfrak{a}N\mathfrak{b}$ が成り立つので，イデアルノルムは群の準同型写像 $N : I_F \to \mathbb{Q}^\times$ に拡張される．$F = \mathbb{Q}$，$\mathfrak{n} = (n)$ (n は正の整数)，$\mathfrak{c} = (c)$ ($c \in \mathbb{Q}^\times, (c, n) = 1$) に対する部分ゼータ関数は部分リーマンゼータ関数 $\zeta_n(s, c)$ と一致する．部分リーマンゼータ関数と同様に $\zeta_{\mathfrak{n}}(s, \mathfrak{c})$ は $\mathrm{Re}(s) > 1$ をみたす複素数 s に対し絶対収束し，複素平面全体に有理型関数に解析接続される．部分リーマンゼータ関数の 0 以下の整数における値が有理数であることはジーゲルとクリンゲン*3によって証明されている．

定理 7.2（ジーゲル，クリンゲン） 任意の正の整数 k に対し，

$$\zeta_{\mathfrak{n}}(1 - k, \mathfrak{c}) \in \mathbb{Q}$$

が成り立つ．

$\mathfrak{n}$ ($\neq \{0\}$) を p の上のすべての素イデアルを割る F の整イデアルとする．$(\mathfrak{b}, \mathfrak{n}) = 1, (\mathfrak{c}, \mathfrak{n}) = 1$ をみたす F の整イデアル $\mathfrak{b}, \mathfrak{c}$ に対し，

$$\delta_k(\mathfrak{b}, \mathfrak{c}; \mathfrak{n}) = (N\mathfrak{c})^k \zeta_{\mathfrak{n}}(1 - k, \mathfrak{b}) - \zeta_{\mathfrak{n}}(1 - k, \mathfrak{b}\mathfrak{c})$$

とおく．類体論より狭義射類群 $\mathrm{Cl}(\mathfrak{n})$ に対し，$\mathrm{Gal}(F_{\mathfrak{n}}/F) \simeq \mathrm{Cl}(\mathfrak{n})$ をみたす射類体 $F_{\mathfrak{n}}$ が存在する．正の整数 n に対し，$\mathrm{Gal}\,(F_{\mathfrak{n}}(\mu_m)/F_{\mathfrak{n}})^n = \{1\}$ をみたす最大の整数 m を $w_n(F_{\mathfrak{n}})$ とおく．定義から，$w_1(F_{\mathfrak{n}})$ は $F_{\mathfrak{n}}$ に含まれる 1 のべき乗根全体が成す群 $\mu_{F_{\mathfrak{n}}}$ の位数に等しい．以下の 2 条件が部分ゼータ関数に関する "コーツの条件" である．

*3 [Kl],[Si] 参照．

コーツの条件

$\mathfrak{n}\ (\neq \{0\})$ を p の上のすべての素イデアルを割る F の整イデアル，$\mathfrak{b}, \mathfrak{c}$ を $(\mathfrak{b}, \mathfrak{n}) = 1$, $(\mathfrak{c}, \mathfrak{n}) = 1$ をみたす F の整イデアルとする．

（整性）$\delta_k(\mathfrak{b}, \mathfrak{c}; \mathfrak{n}) \in \mathbb{Z}_p \quad (k \geqq 1)$

（合同条件）$\delta_k(\mathfrak{b}, \mathfrak{c}; \mathfrak{n}) \equiv (N\mathfrak{b}\mathfrak{c})^{k-1}\delta_1(\mathfrak{b}, \mathfrak{c}; \mathfrak{n}) \pmod{w_{k-1}(F_{\mathfrak{n}})} \quad (k \geqq 2)$

▶**注意**　本節初めの注意で述べたことと同様に，“コーツの条件”における整イデアル $\mathfrak{c}$ は一般ディリクレ指標に付随する p 進 L 関数の構成において補助的な役割をするだけなので，p 進 L 関数を構成するためには，“コーツの条件”は $(\mathfrak{c}, \mathfrak{n}) = 1$ をみたすある整イデアル $\mathfrak{c}$ に対し成り立てば十分である．また整イデアル $\mathfrak{b}$ に対しては $\mathrm{Cl}(\mathfrak{n})$ のある代表系 $\mathrm{Cl}(\mathfrak{n}) = \{\mathfrak{c}_1, \cdots, \mathfrak{c}_n\}$ に対し，$\mathfrak{c}_1, \cdots, \mathfrak{c}_n$ の代表元である分数イデアル $\mathfrak{b}_1, \cdots, \mathfrak{b}_n$ に対して成り立てば十分である．

7.3　一般ディリクレ指標に付随する p 進 L 関数

一般ディリクレ指標 $\chi : \mathrm{Cl}(\mathfrak{n}) \to \mathbb{C}^\times$ に対し，一般化されたディリクレの L 関数を

$$L(s, \chi) = \sum_{\substack{\mathfrak{a}(\neq\{0\}) \\ \text{整イデアル}}} \frac{\chi(\mathfrak{a})}{N\mathfrak{a}^s} = \sum_{\mathfrak{c}\in\mathrm{Cl}(\mathfrak{n})} \chi(\mathfrak{c})\zeta_{\mathfrak{n}}(s, \mathfrak{c})$$

と定める．ドリーニュ–リベット，バースキー，カシュー・ノゲスは 7.2 節の“コーツの条件”を証明することにより，一般ディリクレ指標に付随する p 進 L 関数を構成した．

定理 7.3（ドリーニュ–リベット，バースキー，カシュー・ノゲス）　導手 $\mathfrak{f}$ の原始的一般ディリクレ指標 χ に対し，p 進有理型関数 $L_p(s, \chi) : \mathbb{Z}_p \to \mathbb{C}_p$ で任意の正の整数 n に対し，

$$L_p(1-n, \chi) = \prod_{\mathfrak{p}|p}(1 - \chi\omega^{-n}(\mathfrak{p})N\mathfrak{p}^{n-1})L(1-n, \chi\omega^{-n})$$

をみたすものが存在する．

$\chi \neq \mathbf{1}$ のとき，$L_p(s, \chi)$ は $\mathbb{Z}_p$ 上で p 進正則であり，$L_p(s, \mathbf{1})$ は $\mathbb{Z}_p \setminus \{1\}$ 上で p

進正則である．また $L_p(s,\mathbf{1})$ は $s=1$ において高々1位の極をもつことが知られているが，1位の極をもつかどうかは一般的には知られていない．ディリクレ指標に付随する p 進 L 関数は，奇指標のとき零関数であったが，一般ディリクレ指標も特別な場合は対応する p 進 L 関数が零関数であることが分かる．導手 $\mathfrak{n}$ の原始的一般ディリクレ指標 ρ に対し，$\mathrm{Cl}(\mathfrak{n})$（$\simeq \mathrm{Gal}(F_{\mathfrak{n}}/F)$）の部分群 $\mathrm{Ker}\rho$ に対応する $F_{\mathfrak{n}}/F$ の中間体を F_ρ とすると，F が総実代数体であることから，次が分かる．

(i) F_ρ が総実でなければ，偶数 n ($\geqq 2$) に対し，$L(1-n,\rho)=0$.

(ii) F_ρ が総虚でなければ，奇数 n ($\geqq 3$) に対し，$L(1-n,\rho)=0$.

このことから，定理 7.3 において，F_χ が総実でなければ任意の整数 n ($\geqq 2$) に対し，$L(1-n,\chi\omega^{-n})=0$ であるから，p 進 L 関数 $L_p(s,\chi)$ は零関数である．

7.4 新谷のゼータ関数

バースキー，カシュー・ノゲスによる一般ディリクレ指標に付随する p 進 L 関数の構成のアイデアは，部分ゼータ関数の特殊値の p 進的性質を主張する“コーツの条件”を新谷のゼータ関数の特殊値の p 進的性質に置き換えることである．この節では新谷卓郎によって定義されたゼータ関数[*4]を導入する．

$\mathbb{R}^+=\{a\in\mathbb{R}\mid a>0\}$ の元を成分にもつ $r\times n$ ($r\leqq n$) 行列

$$A=\begin{bmatrix} a_{11} & a_{12} & \cdots & a_{1n} \\ \vdots & \vdots & & \vdots \\ a_{r1} & a_{r2} & \cdots & a_{rn} \end{bmatrix}$$

に対し，$\boldsymbol{t}=(t_1,\cdots,t_n)$，$\boldsymbol{z}=(z_1,\cdots,z_r)$ を変数とする一次形式 $L_j(\boldsymbol{t})$，$L_k^*(\boldsymbol{z})$ を

$$L_j(\boldsymbol{t})=\sum_{k=1}^{n} a_{jk}t_k \quad (j=1,\cdots,r),$$
$$L_k^*(\boldsymbol{z})=\sum_{j=1}^{r} a_{jk}z_j \quad (k=1,\cdots,n)$$

と定める．行列 A，$\boldsymbol{x}=(x_1,\cdots,x_r)\in(\mathbb{R}^+)^r$，$\chi=(\chi_1,\cdots,\chi_r)\in(\mathbb{C}^\times)^r$ ($0<|\chi_1|\leqq 1,\cdots,0<|\chi_r|\leqq 1$) に対し，新谷のゼータ関数を以下で定義する．

---

*4 [Shin] 参照.

$$\zeta(s,A,\boldsymbol{x},\chi)=\sum_{z_1,\cdots,z_r=0}^{\infty}\prod_{k=1}^{r}\chi_k^{z_k}\prod_{j=1}^{n}L_j^*(\boldsymbol{z}+\boldsymbol{x})^{-s}$$

この関数に対し，新谷は以下のことを証明した．

定理 7.4　$\zeta(s,A,\boldsymbol{x},\chi)$ は $\mathrm{Re}(s)>r/n$ をみたす複素数 s に対し絶対収束し，複素平面全体に有理型に解析接続される．また，$1-\boldsymbol{x}=(1-x_1,\cdots,1-x_r)$ とおくと，任意の正の整数 m に対し，

$$\zeta(1-m,A,\boldsymbol{x},\chi)=(-1)^{n(m-1)}m^{-n}\sum_{k=1}^{n}\frac{B_m(A,1-\boldsymbol{x},\chi)^{(k)}}{n}$$

が成り立つ．ここで，$(m!)^{-n}B_m(A,\boldsymbol{y},\chi)^{(k)}$ （$\boldsymbol{y}=(y_1,\cdots,y_r)$）は $u,t_1,\cdots,t_{k-1},t_{k+1},\cdots,t_n$ を変数にもつ関数

$$\left.\prod_{j=1}^{r}\frac{\exp(uy_jL_j(\boldsymbol{t}))}{\exp(uL_j(\boldsymbol{t}))-\chi_j}\right|_{t_k=1}$$

の原点におけるローラン展開 $u^{(m-1)n}(t_1\cdots t_{k-1}t_{k+1}\cdots t_n)^{m-1}$ の係数を表す．

一見複雑だが，$\boldsymbol{x}=(x_1,\cdots,x_r)$ を変数と考えると，定理の式の $B_m(A,1-\boldsymbol{x},\chi)^{(k)}$ はベルヌーイ多項式の一般化であり，$\zeta(s,A,\boldsymbol{x},\chi)$ はフルヴィッツのゼータ関数とよばれる古典的なゼータ関数の一般化になっている．実際，$r=n=1$，$A=(1)$，$\chi_1=1$ とすると，ベルヌーイ多項式の定義から，

$$\frac{u\ \exp(u(1-x))}{\exp(u)-1}=\sum_{n=0}^{\infty}B_n(1-x)\frac{u^n}{n!}$$

なので，

$$\frac{\exp(u(1-x))}{\exp(u)-1}=\sum_{k=-1}^{\infty}B_{k+1}(1-x)\frac{u^k}{(k+1)!}$$

であるから，

$$B_{k+1}((1),1-x,1)^{(1)}=B_{k+1}(1-x)$$

である．またこのとき，

$$\begin{aligned}\zeta(s,(1),x,1) &= \sum_{z=0}^{\infty} L^*(z+x)^{-s} \\ &= \sum_{z=0}^{\infty} (z+x)^{-s} \\ &= \zeta(s,x)\end{aligned}$$

であり，これはフルヴィッツのゼータ関数とよばれている．よってこの場合，定理の主張は，

$$\begin{aligned}\zeta(-k,x) &= \frac{(-1)^k}{k+1} B_{k+1}(1-x) \\ &= -\frac{1}{k+1} B_{k+1}(x)\end{aligned} \tag{7.3}$$

となり，フルヴィッツのゼータ関数とベルヌーイ多項式とのよく知られた関係式が得られる．さらに，フルヴィッツのゼータ関数と部分リーマンゼータ関数の関係式

$$\zeta\left(s,\frac{a}{m}\right) = m^s \zeta_m(s,a) \quad (m,a \in \mathbb{Z},\ m>0,\ 1 \leqq a \leqq m)$$

と（7.3）から部分リーマンゼータ関数とベルヌーイ多項式の関係式（7.2）も得られる．

ディリクレ指標に付随する p 進 L 関数の構成において，

$$\begin{aligned}\delta_k(b,\alpha;dp^N) &= \alpha^k \zeta_{dp^N}(1-k,b) - \zeta_{dp^N}(1-k,b\alpha) \\ &= \frac{(dp^N)^{k-1}}{k}\left\{B_k\left(\frac{\{b\alpha\}_N}{dp^N}\right) - \alpha^k B_k\left(\frac{\{b\}_N}{dp^N}\right)\right\}\end{aligned}$$

に対する“コーツの条件”はベルヌーイ多項式の値（または部分ゼータ関数の 0 以下の整数における値）の p 進的性質から導かれた．同様に，一般ディリクレ指標に付随する p 進 L 関数の“コーツの条件”はベルヌーイ多項式の一般化である $B_m(A,\boldsymbol{x},\chi)^{(k)}$ の値（または新谷のゼータ関数の 0 以下の整数における値）の p 進的性質から導かれる．

7.5　部分ゼータ関数と新谷のゼータ関数

この節では，部分ゼータ関数を新谷のゼータ関数に分解し，コーツの条件に現れる $\delta_k(\mathfrak{b},\mathfrak{c};\mathfrak{n})$ が新谷のゼータ関数の特殊値で表せることを紹介する．総実代数体 F の拡大次数を $n=[F:\mathbb{Q}]$ とし，F の整イデアル $\mathfrak{n}$ $(\neq \{0\})$ を以下固定する．F の元 x

に対し，$N(x) \in \mathbb{Q}$ を x のノルム，すなわち $N(x) = \prod_{i=1}^{n} x^{(i)}$ とおく．ここで，$x^{(i)}$ は F の $\mathbb{R}$ への埋め込み $\sigma_1, \cdots, \sigma_n$ に対し，$x^{(i)} = \sigma_i(x)$ である．F の単数群 E_F の部分群 E_F^+，$E(\mathfrak{n})^+$ を

$$E_F^+ = \{\varepsilon \in E_F \mid \varepsilon \gg 0\},$$
$$E(\mathfrak{n})^+ = \{\varepsilon \in E_F \mid \varepsilon \equiv 1 \pmod{\mathfrak{n}},\ \varepsilon \gg 0\}$$

とおく．$\mathfrak{b}, \mathfrak{c}$ を $(\mathfrak{b}, \mathfrak{n}) = 1, (\mathfrak{c}, \mathfrak{n}) = 1$ をみたす F の整イデアル，$\mathfrak{a}$ を $\mathfrak{a} \in [\mathfrak{b}^{-1}\mathfrak{c}^{-1}] \in \mathrm{Cl}(\mathfrak{n})$ をみたす整イデアルとし，

$$A(\mathfrak{a}) = \{\alpha \in \mathfrak{a} \mid \alpha \equiv 1 \pmod{\mathfrak{n}},\ \alpha \gg 0\}$$

とおく．任意の $\alpha \in A(\mathfrak{a})$，$\varepsilon \in E(\mathfrak{n})^+$ に対し，$\varepsilon\alpha \in A(\mathfrak{a})$ より，$E(\mathfrak{n})^+$ は $A(\mathfrak{a})$ に作用する．任意の $\mathfrak{g} \in [\mathfrak{a}^{-1}] \in \mathrm{Cl}(\mathfrak{n})$ に対し，

$$\mathfrak{a}\mathfrak{g} = (\alpha) \quad (\alpha \in F^\times,\ \alpha \equiv 1 \pmod{\mathfrak{n}},\ \alpha \gg 0)$$

が成り立つことと，$\alpha \equiv \alpha' \equiv 1 \pmod{\mathfrak{n}}$ をみたす総正な $F^\times$ の元 α, α' に対し，$P_+(\mathfrak{n})$ において $(\alpha) = (\alpha')$ が成り立つための必要十分条件は，$\alpha\alpha'^{-1} \in E(\mathfrak{n})^+$ であることから，部分ゼータ関数は次のように分解される．

$$\begin{aligned}
\zeta_{\mathfrak{n}}(s, \mathfrak{a}^{-1}) &= \sum_{\substack{\mathfrak{g} \in [\mathfrak{a}^{-1}] \\ \text{整イデアル}}} \frac{1}{N\mathfrak{g}^s} \\
&= N\mathfrak{a}^s \sum_{\alpha \in A(\mathfrak{a})/E(\mathfrak{n})^+} |N(\alpha)|^{-s} \\
&= N\mathfrak{a}^s \sum_{\alpha \in A(\mathfrak{a})/E(\mathfrak{n})^+} N(\alpha)^{-s}
\end{aligned} \tag{7.4}$$

最後の等号は α が総正であることに依る．F の n 個の $\mathbb{R}$ への埋め込み $\sigma_i : F \hookrightarrow \mathbb{R}$ $(i = 1, \cdots, n)$ に対し，写像

$$F \hookrightarrow \mathbb{R}^n, \quad x \mapsto (\sigma_1(x), \cdots, \sigma_n(x))$$

により F を $\mathbb{R}^n$ の $\mathbb{Q}$-部分代数とみなし，F の元 x の $\mathbb{R}^n$ における像も x と表す．新谷の理論には，次のような多面錐が重要な役割を果たす．$\mathbb{Q}$ 上 1 次独立な元の組 $v_1, \cdots, v_k \in F$ に対し，

$$C(v_1, \cdots, v_k) = \{t_1 v_1 + \cdots + t_k v_k \mid t_1, \cdots, t_k \in \mathbb{R}^+\}$$

とおき，これを $\mathbb{Q}$ 有理単体錐とよぶ．$v_1, \cdots, v_k$ に $n-k$ 個の元 $w_1, \cdots, w_{n-k} \in F$ を加え，F の $\mathbb{Q}$ 上の基底 $v_1, \cdots, v_k, w_1, \cdots, w_{n-k}$ を考えると，$v_1, \cdots, v_k, w_1, \cdots, w_{n-k}$（の像）は $\mathbb{R}$ 上のベクトル空間 $\mathbb{R}^n$ の基底である．特に，$v_1, \cdots, v_k$ は $\mathbb{R}^n$ において $\mathbb{R}$ 上 1 次独立であり，$\mathbb{Q}^+ = \{a \in \mathbb{Q} \mid a > 0\}$ とおくと，

$$F \cap C(v_1, \cdots, v_k) = \{t_1 v_1 + \cdots + t_k v_k \mid t_1, \cdots, t_k \in \mathbb{Q}^+\} \tag{7.5}$$

が成り立つ．任意の $\boldsymbol{x} = (x_1, \cdots, x_n) \in (\mathbb{R}^+)^n$，$\varepsilon \in E_F^+$ に対し，

$$\varepsilon \boldsymbol{x} = (\sigma_1(\varepsilon)x_1, \cdots, \sigma_n(\varepsilon)x_n) \in (\mathbb{R}^+)^n$$

より，E_F^+ は $(\mathbb{R}^+)^n$ に作用する．新谷は空間 $(\mathbb{R}^+)^n$ が有限個の $\mathbb{Q}$ 有理単体錐に分割できることを示した．

定理 7.5 E を E_F^+ の指数有限な部分群とする．有限個の $\mathbb{Q}$ 有理単体錐 $C_j(v_{j1}, \cdots, v_{jr(j)})$ $(j = 1, \cdots, m,\ v_{j1}, \cdots, v_{jr(j)} \in F)$ が存在し，

$$(\mathbb{R}^+)^n = \coprod_{j=1}^{m} \coprod_{\varepsilon \in E} \varepsilon\, C_j(v_{j1}, \cdots, v_{jr(j)})$$

をみたす．ここで，$\coprod$ は共通部分をもたない和集合を表す．

ν を有限群 $(O_F/\mathfrak{n})^\times$ の位数とおくと，任意の $\varepsilon \in E_F^+$ 対し，$\varepsilon^\nu \equiv 1 \pmod{\mathfrak{n}}$ より $(E_F^+/E(\mathfrak{n})^+)^\nu = \{1\}$ である．$E_F^+/E(\mathfrak{n})^+$ は有限生成アーベル群なので，$\sharp E_F^+/E(\mathfrak{n})^+ < \infty$ である．よって，定理 7.5 を $E(\mathfrak{n})^+$ に対し適用すると，$(\mathbb{R}^+)^n$ の分割

$$(\mathbb{R}^+)^n = \coprod_{j=1}^{m} \coprod_{\varepsilon \in E(\mathfrak{n})^+} \varepsilon\, C_j(v_{j1}, \cdots, v_{jr(j)}) \tag{7.6}$$

を得る．$\mathbb{Q}$ 有理単体錐の生成元 $v_{j1}, \cdots, v_{jr(j)} \gg 0$ は代数体 F の元なので適当な正の整数を掛けることにより，$v_{j1}, \cdots, v_{jr(j)} \in \mathfrak{an}$ としてよい．有限集合 $R(j, \mathfrak{a})$ $(j = 1, \cdots, m)$ を

$$R(j, \mathfrak{a}) = \left\{ x = \sum_{i=1}^{r(j)} x_i v_{ji} \;\middle|\; x_i \in \mathbb{Q},\ 0 < x_i \leqq 1,\ x \in \mathfrak{a},\ x \equiv 1 \pmod{\mathfrak{n}} \right\}$$

とおくと，式 (7.4) に現れる商集合 $A(\mathfrak{a})/E(\mathfrak{n})^+$ の代表系として，

$$\widetilde{A}(\mathfrak{a}) = \left\{ x_j + \sum_{i=1}^{r(j)} m_i v_{ji} \;\middle|\; j = 1, \cdots, m,\ x_j \in R(j, \mathfrak{a}),\ m_i \in \mathbb{Z},\ m_i \geqq 0 \right\}$$

がとれることが以下のように分かる．

まず，$\widetilde{A}(\mathfrak{a}) \subset A(\mathfrak{a})$ は容易に分かる．また任意の $\alpha \in A(\mathfrak{a})$ に対し，$\alpha \gg 0$ より単体錐分割（7.6）と（7.5）から，ある j $(1 \leqq j \leqq m)$ に対し，

$$\alpha = \varepsilon \sum_{i=1}^{r(j)} t_i v_{ji} \quad (\varepsilon \in E(\mathfrak{n})^+,\ t_1, \cdots, t_{r(j)} \in \mathbb{Q}^+)$$

と表せる．

$$t_i = m_i + a_i \quad (m_i \in \mathbb{Z},\ m_i \geqq 0,\ a_i \in \mathbb{Q},\ 0 < a_i \leqq 1)$$

とおくと

$$\alpha = \varepsilon \left(x_j + \sum_{i=1}^{r(j)} m_i v_{ji} \right), \quad x_j = \sum_{i=1}^{r(j)} a_i v_{ji}$$

である．$\alpha, v_{ji} \in \mathfrak{a}$ より，$x_j \in \mathfrak{a}$ であり，$\varepsilon \equiv \alpha \equiv 1 \pmod{\mathfrak{n}}$，$v_{ji} \in \mathfrak{n}$ より $x_j \equiv 1 \pmod{\mathfrak{n}}$ である．よって，

$$x_j + \sum_{i=1}^{r(j)} m_i v_{ji} \in \widetilde{A}(\mathfrak{a})$$

である．以上から $\widetilde{A}(\mathfrak{a})$ は，商集合 $A(\mathfrak{a})/E(\mathfrak{n})^+$ の代表系である．よって部分ゼータ関数の分解（7.4）から，

$$\begin{aligned} \zeta_{\mathfrak{n}}(s, \mathfrak{a}^{-1}) &= N\mathfrak{a}^s \sum_{\alpha \in \widetilde{A}(\mathfrak{a})} N(\alpha)^{-s} \\ &= N\mathfrak{a}^s \sum_{j=1}^{m} \sum_{x_j \in R(j,\mathfrak{a})} \sum_{m_1, \cdots, m_{r(j)}=0}^{\infty} N \left(x_j + \sum_{i=1}^{r(j)} m_i v_{ji} \right)^{-s} \end{aligned} \tag{7.7}$$

を得る．最後の式は 7.4 節の新谷のゼータ関数の和で表せる．実際，F の $\mathbb{R}$ への埋め込み $\sigma_1, \cdots, \sigma_n$ による $x \in F$ の像を $x^{(1)}, \cdots, x^{(n)}$ とし，

$$A_j = \begin{bmatrix} v_{j1}^{(1)} & v_{j1}^{(2)} & \cdots & v_{j1}^{(n)} \\ \vdots & \vdots & & \vdots \\ v_{jr(j)}^{(1)} & v_{jr(j)}^{(2)} & \cdots & v_{jr(j)}^{(n)} \end{bmatrix},$$

$$\mathfrak{a} = (a_1, \cdots, a_{r(j)}),$$

$$\chi = (1, \cdots, 1)$$

とおくと，

$$\zeta_{\mathfrak{n}}(s, \mathfrak{a}^{-1}) = N\mathfrak{a}^s \sum_{j=1}^{m} \sum_{a \in I(j,\mathfrak{a})} \zeta(s, A_j, a, \chi)$$

を得る．ここで，$I(j, \mathfrak{a})$ は集合

$$I(j, \mathfrak{a}) = \{(a_1, \cdots, a_{r(j)}) \in (\mathbb{Q}^+)^r \mid \sum_{i=1}^{r(j)} a_i v_{ji} \in R(j, \mathfrak{a})\}$$

を表す．

$$\zeta_{\mathfrak{n}}(s, \mathfrak{a}^{-1}, \mathfrak{c}) = N\mathfrak{c}^{1-s}\zeta_{\mathfrak{n}}(s, \mathfrak{a}^{-1}\mathfrak{c}^{-1}) - \zeta_{\mathfrak{n}}(s, \mathfrak{a}^{-1})$$

とおくと，$\mathfrak{a} \in [\mathfrak{b}^{-1}\mathfrak{c}^{-1}]$ より正の整数 k に対し，$\zeta_{\mathfrak{n}}(1-k, \mathfrak{a}^{-1}, \mathfrak{c}) = \delta_k(\mathfrak{b}, \mathfrak{c}; \mathfrak{n})$ である．ここで，整イデアル $\mathfrak{c}$ を初めの条件 $(\mathfrak{c}, \mathfrak{n}) = 1$ に加え，以下のすべての条件をみたすものとする．

(i) $(\mathfrak{c}, \mathfrak{n}) = 1$, $(\mathfrak{c}, \mathscr{D}_F) = 1$

(ii) 任意の j $(1 \leqq j \leqq m)$ と i $(1 \leqq i \leqq r(j))$ に対し，$(\mathfrak{c}, (v_{ji})) = 1$. (7.8)

(iii) $O_F/\mathfrak{c} \simeq \mathbb{Z}/c\mathbb{Z}$, $\mathfrak{c} \cap \mathbb{Z} = (c)$, $c \in \mathbb{Z}^+$

ここで，$\mathscr{D}_F$ は代数体 F の共役差積，$\mathbb{Z}^+ = \{a \in \mathbb{Z} \mid a > 0\}$ である．$\zeta_{\mathfrak{n}}(s, \mathfrak{a}^{-1}, \mathfrak{c})$ も新谷のゼータ関数で表すことができ，その特殊値 $\zeta_{\mathfrak{n}}(1-k, \mathfrak{a}^{-1}, \mathfrak{c}) = \delta_k(\mathfrak{b}, \mathfrak{c}; \mathfrak{n})$ に関するコーツの条件はカシュー・ノゲスによって証明された次の定理[*5]と新谷のゼータ関数の p 進的性質から導くことができる．F の元 x に対し，$\mathrm{Tr}(x) \in \mathbb{Q}$ を x のトレース，すなわち $\mathrm{Tr}(x) = \sum_{i=1}^{n} x^{(i)}$ とし，$e(x) = \exp(2\pi i x)$ とおく．

定理 7.6 $\mathfrak{c}$ を条件 (7.8) の (i) ～ (iii) をみたす整イデアルとする．

(1) 次の性質をみたす F の元 v が存在する．任意の j $(1 \leqq j \leqq m)$, i $(1 \leqq i \leqq r(j))$ に対し，$e(\mathrm{tr}(v_{ji}v))$ は 1 の原始 c 乗根であり，任意の $\alpha \in O_F$ に対し，

[*5] [Cas] 参照．

$$\sum_{\mu=0}^{c-1} e(\mathrm{tr}(\alpha\mu v)) = \begin{cases} 0 & (\alpha \notin \mathfrak{c}) \\ c & (\alpha \in \mathfrak{c}) \end{cases}$$

をみたす．

(2)　(1) の元 $v \in F$ に対し，

$$\xi_{ji} = e(\mathrm{tr}(v_{ji}v)) \quad (1 \leqq j \leqq m,\ 1 \leqq i \leqq r(j)),$$
$$\xi_j^\mu = (\xi_{j1}^\mu, \cdots, \xi_{jr(j)}^\mu) \quad (\mu \in \mathbb{Z})$$

とおくと，

$$\zeta_{\mathfrak{n}}(s, \mathfrak{a}^{-1}, \mathfrak{c}) = N\mathfrak{a}^s \sum_{\mu=1}^{b-1} \sum_{j=1}^{m} \sum_{a \in I(j,\mathfrak{a})} e(\mathrm{tr}(x_{\mathfrak{a}}\mu v))\zeta(s, A_j, \mathfrak{a}, \xi_j^\mu)$$

が成り立つ．ここで $\mathfrak{a} = (a_1, \cdots, a_{r(j)}) \in I(j, \mathfrak{a})$ に対し，$x_{\mathfrak{a}} = \sum_{i=1}^{r(j)} a_i v_{ji} \in R(j, \mathfrak{a})$ を表す．

k を正の整数とする．定理 7.6 の新谷のゼータ関数に対し，以下が成り立つ．

新谷のゼータ関数の p 進的性質

（整性）$|N\mathfrak{a}^{1-k}\zeta(1-k, A_j, \mathfrak{a}, \xi_j^\mu)|_p \leqq 1 \quad (k \geqq 1)$

（合同条件）$|\zeta(1-k, A_j, \mathfrak{a}, \xi_j^\mu) - \zeta(0, A_j, \mathfrak{a}, \xi_j^\mu)|_p \geqq |\omega_{k-1}(F_{\mathfrak{n}})|_p \quad (k \geqq 2)$

$\zeta_{\mathfrak{n}}(1-k, \mathfrak{a}^{-1}, \mathfrak{c}) = \delta_k(\mathfrak{b}, \mathfrak{c}; \mathfrak{n})$ $(\mathfrak{a} \in [\mathfrak{b}^{-1}\mathfrak{c}^{-1}] \in \mathrm{Cl}(\mathfrak{n}))$ より，定理 7.6 と上記の新谷のゼータ関数の p 進的性質から，7.2 節のコーツの条件である $\delta_k(\mathfrak{b}, \mathfrak{c}; \mathfrak{n})$ の整性と合同条件が得られる（7.2 節最後の注意も参照）．

総実代数体上の岩澤主予想はワイルズ[*6]によって証明が与えられた．また，バーンズ–加藤は総実代数体上の p 進 L 関数を貼り合わせることにより，p 進リー拡大に対する p 進 L 関数を構成した．この p 進 L 関数に対する岩澤主予想は，リッター–

[*6] [Wi] 参照．

ヴァイス，カクデにより最近解決されている[*7].

[*7] 総実代数体上の非可換岩澤主予想については，[14] に原隆氏による丁寧な解説が関連する膨大な情報とともに収められている．また，[CSSV] も参照.

第8章
p進L関数に関係する予想

この章では，まず一般化されたディリクレの L 関数の次の 2 つの問題に関する予想について解説する．

(1) $s = 0$ における零点の位数.

(2) $s = 1$ における極の存在.

p 進 L 関数の 2 以上の整数における値の情報はほとんど知られていないがいくつかの表示が知られている．この章の終りに，2 以上の整数における値が第 1 種スターリング数を含む無限級数で表されることを示す．まず，この章で引用するブルーマーの p 進解析的結果を紹介する．ブルーマーの結果はベイカーが証明した以下の複素数体上の結果の p 進類似である[*1].

定理 8.1 $\alpha_1, \cdots, \alpha_n \in \overline{\mathbb{Q}}^{\times}$ とする．$\log(\alpha_1), \cdots, \log(\alpha_n)$ $(\in \mathbb{C})$ が $\overline{\mathbb{Q}}$ 上一次独立であるための必要十分条件は，これらの元が $\mathbb{Q}$ 上一次独立であることである．

本章では，p 進対数関数

$$\log_p\colon \{x \in \mathbb{C}_p \mid |x-1|_p < 1\} \to \mathbb{C}_p$$

の定義域を次の (i), (ii), (iii) をみたすように $\mathbb{C}_p^{\times}$ へ拡張した関数を用いる．

(i) $|x-1|_p < 1$ をみたす $x \in \mathbb{C}_p^{\times}$ に対しては 2.5 節（定義 2.19），2.7 節で定義したように，べき級数

---

*1 [Bak1]，[Bak2]，[Bak3]，特に [Bak2] の Theorem1 参照.

$$\log_p(x) = \sum_{n=1}^{\infty} \frac{(-1)^{n-1}}{n}(x-1)^n$$

で定義する.

(ii) 任意の $x, y \in \mathbb{C}_p^\times$ に対し,

$$\log_p(xy) = \log_p(x) + \log_p(y).$$

(iii) $\log_p(p) = 0$.

2.7 節で述べたことから，任意の $x \in \mathbb{C}^\times$ は，ある $r \in \mathbb{Q}$, $\zeta \in \mu_n(\mathbb{C}_p)$ $(p \nmid n)$, $x_1 \in \{s \in \mathbb{C}_p \mid |s-1|_p < 1\}$ に対し，$x = p^r \zeta x_1$ と表せる. (ii) より，1 の n 乗根 ζ に対し,

$$0 = \log_p(1) = \log_p(\zeta^n) = n \log_p(\zeta)$$

から，$\log_p(\zeta) = 0$ である．また，$p^r \in \mathbb{C}_p^\times$ $(r \in \mathbb{Q})$ に対し，(ii), (iii) から

$$\log_p(p^r) = r \log_p(p) = 0$$

である．よって $x = p^r \zeta x_1 \in \mathbb{C}_p^\times$ に対し,

$$\log_p(x) = \log_p(x_1)$$

が成り立つ．拡張された p 進対数関数も同じ記号を用いて,

$$\log_p : \mathbb{C}_p^\times \to \mathbb{C}_p$$

と表す.

以下の主張はブルーマーが示した定理 8.1 の p 進類似である[*2].

定理 8.2　$\alpha_1, \cdots, \alpha_n \in \overline{\mathbb{Q}}^\times$ とする．$\log_p(\alpha_1), \cdots, \log_p(\alpha_n)$ $(\in \mathbb{C}_p)$ が $\overline{\mathbb{Q}}$ 上一次独立であるための必要十分条件は，これらの元が $\mathbb{Q}$ 上一次独立であることである.

8.1　p 進 L 関数の $s = 0$ における零点の位数

F を総実代数体とし，ρ を F の整イデアルを導手とする原始的一般ディリクレ指標，F_ρ を $\mathrm{Ker}\rho$ に対応する体とし，F_ρ は総虚であると仮定する（よって特に $\rho \neq \mathbf{1}$

---

*2　[Br] 参照.

である）．一般化されたディリクレの L 関数のオイラー積表示

$$L(s,\rho)=\sum_{\substack{\mathfrak{a}(\neq\{0\})\\ \text{整イデアル}}}\frac{\rho(\mathfrak{a})}{N\mathfrak{a}^s}=\prod_{\substack{\mathfrak{q}(\neq\{0\})\\ \text{素イデアル}}}(1-\rho(\mathfrak{q})N\mathfrak{q}^{-s})^{-1}\quad(\mathrm{Re}(s)>1)$$

において，p を割る F のすべての素イデアル $\mathfrak{p}$ に関するオイラー因子を除いた L 関数

$$L_{S_p}(s,\rho)=\prod_{\mathfrak{p}|p}(1-\rho(\mathfrak{p})N\mathfrak{p}^{-s})L(s,\rho)$$

の $s=0$ における零点の位数は，集合

$$S_p(\rho)=\{\mathfrak{p}\in S_p\mid\rho(\mathfrak{p})=1\}$$

に含まれる元の数に等しい，つまり，

$$\mathrm{ord}_{s=0}L_{S_p}(s,\rho)=\sharp S_p(\rho)$$

である*3.

一方，p 進 L 関数の場合，F_χ が総実であるような原始的一般ディリクレ指標 χ に対し，定理 7.3 から，

$$L_p(0,\chi)=\prod_{\mathfrak{p}|p}(1-\chi\omega^{-1}(\mathfrak{p}))L(0,\chi\omega^{-1})$$

が成り立つので，

$$S_p(\chi\omega^{-1})=\{\mathfrak{p}\in S_p\mid\chi\omega^{-1}(\mathfrak{p})=1\}$$

が空集合でなければ，$L_p(0,\chi)=0$ である．$S_p(\chi\omega^{-1})$ が空集合のとき，F_χ が総実であることから，$L(0,\chi\omega^{-1})\neq0$ なので $L_p(0,\chi)\neq0$ である．p 進 L 関数に対し，L 関数と同様の主張が成り立つことが予想されている*4.

予想

$$\mathrm{ord}_{s=0}L_p(s,\chi)=\sharp S_p(\chi\omega^{-1})$$

上で述べたように，$S_p(\chi\omega^{-1})=\varnothing$ のとき予想は正しいので，$S_p(\chi\omega^{-1})\neq\varnothing$ の

*3 [Ta1]，[Ta2] 参照.

*4 [Gro] 参照.

ときが本質的な主張である．予想の半分の主張:

$$\mathrm{ord}_{s=0} L_p(s,\chi) \geqq \sharp S_p(\chi\omega^{-1})$$

については，岩澤主予想を用いてすでに証明されている[*5]．また，$F=\mathbb{Q}$ のときの主張:

$$\chi\omega^{-1}(p)=1 \text{ のとき } \mathrm{ord}_{s=0} L_p(s,\chi)=1, \text{ すなわち } L_p'(0,\chi)\neq 0$$

については，$p\neq 2$ のときフェレロ–グリンバーグによって証明されている[*6]．以下，この節では $p\neq 2$ とする．χ を原始的ディリクレ指標で偶指標とする．$\chi\omega^{-1}$ の導手 d が p を割るとき，$\chi\omega^{-1}(p)=0$ なので，$p \nmid d$ と仮定してよい．フェレロ–グリンバーグは以上の仮定のもと，次の主張を証明した．

定理 8.3 $\chi_1=\chi\omega^{-1}$ とおく．

$$L_p'(0,\chi)=\sum_{c=1}^{d}\chi_1(c)\log_p(\Gamma_p(c/d))+(1-\chi_1(p))B_{1,\chi_1}\log_p(d)$$

ここで，$\Gamma_p(s)$ は p 進ガンマ関数である[*7]．次節で p 進ガンマ関数の定義と定理の証明を与える．この定理から，$\chi_1(p)=1$ のとき，

$$L_p'(0,\chi)=\sum_{c=1}^{d}\chi_1(c)\log_p(\Gamma_p(c/d))$$

を得る．フェレロ–グリンバーグはさらに p 進ガンマ関数の値をグロス–コブリッツの結果[*8]を用い，以下のような代数的数であるガウス和に書き換えた．

$$L_p'(0,\chi)=\sum_{i=1}^{s_0}\chi_1(c_i)\log_p(g_{c_i}/g_{c_{i+s_0}}) \tag{8.1}$$

ここで，$2s_0=((\mathbb{Z}/d\mathbb{Z})^\times:\langle p \bmod d\rangle)$（$\chi_1$ が奇指標であることと，$\langle p \bmod d\rangle$ が $\mathrm{Ker}\chi_1$ の部分群であることから，s_0 は正の整数であることが分かる），$c_1,\cdots,c_{2s_0}\in(\mathbb{Z}/d\mathbb{Z})^\times$ は剰余群 $(\mathbb{Z}/d\mathbb{Z})^\times/\langle p \bmod d\rangle$ の代表系で任意の i $(1\leqq i\leqq s_0)$ に対し，

---

*5 [Wi]，[Sn]，[Sp]，[CD1]，[CD2] などの論文参照．

*6 [FG] 参照．

*7 [Mo1] 参照．

*8 [GK] 参照．

$c_{i+s_0} \equiv -c_i \pmod d$ をみたすものである．また，g_c（$c \in (\mathbb{Z}/d\mathbb{Z})^\times$）は以下で定義されるガウス和である．$\mathbb{Q}_p$ の不分岐拡大 $\mathbb{Q}_p(\zeta_d)$ の剰余体 $k = \mathbb{Z}_p[\zeta_d]/p\mathbb{Z}_p[\zeta_d]$ の位数を $q = \sharp k$ とおく．$\mu_d = \mu_d(\mathbb{C}_p)$（$\mathbb{C}_p$ に含まれる 1 の d 乗根全体）とおくと，自然な群の埋め込み $\mu_d \hookrightarrow k^\times$ は群の準同型写像

$$\theta : k^\times \to \mu_d, \quad \theta(a) \equiv a^{\frac{q-1}{d}} \pmod{p\mathbb{Z}_p[\zeta_d]}$$

を定める．また ϕ を体のトレース写像 $k \to \mathbb{F}_p$ と同型 $\mathbb{F}_p \simeq \mu_p$ の合成写像とする．

$$\phi : k \to \mathbb{F}_p \xrightarrow{\sim} \mu_p$$

任意の $c \in (\mathbb{Z}/d\mathbb{Z})^\times$ に対し，ガウス和を

$$g_c = -\sum_{a \in k^\times} \theta^{-c}(a)\phi(a)$$

と定義する．1 のべき乗根の積と和で表せるガウス和は代数的数であり，

$$\log_p(g_{c_1}/g_{c_{1+s_0}}), \cdots, \log_p(g_{c_{s_0}}/g_{c_{2s_0}})$$

が $\mathbb{Q}$ 上一次独立であることが示せる．ブルーマーの定理（定理 8.2）から，これらの元は $\overline{\mathbb{Q}}$ 上一次独立であり，

$$\sum_{i=1}^{s_0} \chi_1(c_i) \log_p(g_{c_i}/g_{c_{i+s_0}}) \neq 0$$

を得る．よって，(8.1) から $L_p'(s,\chi) \neq 0$ を得る．

8.2 p 進ガンマ関数

正の整数 n に対し，

$$\Gamma(n) = (n-1)!$$

をみたす関数を複素平面全体に拡張したものがガンマ関数であり，$\mathrm{Re}(s) > 0$ において

$$\Gamma(s) = \int_0^\infty t^{s-1}e^{-t}dt \quad (\mathrm{Re}(s) > 0)$$

と積分表示される．複素平面全体に解析接続された関数は有理型であり零点をもたず，0 以下の整数において 1 位の極をもつ．この関数の p 進類似として，以下のような関

数を考える.

$$\Gamma_p(n) = (-1)^n \prod_{\substack{1 \leqq a \leqq n-1 \\ (a,p)=1}} a \tag{8.2}$$

この関数は, 次のような p 進的性質をもつ.

定理 8.4　N を正の整数（ただし, $p=2$ のときは $N \neq 2$）とする. 正の整数 n, n' が合同式

$$n \equiv n' \pmod{p^N}$$

をみたすならば,

$$\Gamma_p(n) \equiv \Gamma_p(n') \pmod{p^N}$$

が成り立つ.

証明　$n' > n$ とする. 仮定 $n \equiv n' \pmod{p^N}$ より

$$n' = n + p^N v \quad (v \text{ は正の整数})$$

と表せる.

$$I = (-1)^{n-n'} \frac{\Gamma_p(n')}{\Gamma_p(n)}$$

とおくと,

$$\begin{aligned} I &= \prod_{\substack{n \leqq a \leqq n'-1 \\ (a,p)=1}} a \\ &\equiv \left(\prod_{a \in (\mathbb{Z}/p^N\mathbb{Z})^\times} a \right)^v \equiv \left(\prod_{\substack{a \in (\mathbb{Z}/p^N\mathbb{Z})^\times \\ a=a^{-1}}} a \right)^v \pmod{p^N} \\ &\equiv \left(\prod_{\substack{a \in (\mathbb{Z}/p^N\mathbb{Z})^\times \\ a^2=1}} a \right)^v \equiv \begin{cases} (-1)^v & (p \neq 2 \text{ または } p=2,\ N=2) \\ 1 & (p=2,\ N \neq 2) \end{cases} \end{aligned}$$

である. 最後の合同式は, $p \neq 2$ または $p=2$, $N=2$ のときは $a^2=1$ をみたす $a \in (\mathbb{Z}/p^N\mathbb{Z})^\times$ は $a = \pm 1$ であり, $p=2$, $N \geqq 3$ のときは群の同型

$$(\mathbb{Z}/2^N\mathbb{Z})^\times \simeq \mathbb{Z}/2\mathbb{Z} \times \mathbb{Z}/2^{N-2}\mathbb{Z}$$

において右辺の群の位数が 2 以下の元は

$$(0,0),\ (1,0),\ (0,2^{N-3}),\ (1,2^{N-3})$$

であり，これらの和が単位元 $(0,0)$ になることから分かる．よって，$p=2$ のときは $N \neq 2$ を仮定すると，

$$I \equiv (-1)^{n-n'} \pmod{p^N}$$

が成り立つので，

$$\Gamma_p(n) \equiv \Gamma_p(n') \pmod{p^N}$$

である． □

定理 8.4 より，p 進ガンマ関数は $\mathbb{Z}_p$ 上の連続関数に拡張される．

$$\Gamma_p :\ \mathbb{Z}_p \to \mathbb{Z}_p, \quad s \mapsto \lim_{\substack{n\to s\\ n>0}} (-1)^n \prod_{\substack{1\leqq a \leqq n-1\\ (a,p)=1}} a$$

ここで，$\displaystyle\lim_{\substack{n\to s\\ n>0}}$ は正の整数 n をとりながら，s に p 進的に極限をとるという意味である．この連続関数 $\Gamma_p(s)$ を p **進ガンマ関数**という．式 (8.2) から，正の整数 n に対し，

$$\Gamma_p(n+1) = \begin{cases} -n\Gamma_p(n) & (p \nmid n) \\ -\Gamma_p(n) & (p|n) \end{cases}$$

を得るので，

$$\Gamma_p(s+1) = \begin{cases} -s\Gamma_p(s) & (s \in \mathbb{Z}_p^\times) \\ -\Gamma_p(s) & (s \in p\mathbb{Z}_p) \end{cases}$$

が成り立つ．

$$q = \begin{cases} p & (p \neq 2 \text{ のとき}) \\ 4 & (p = 2 \text{ のとき}) \end{cases}$$

とおく．森田康夫により，久保田–レオポルドが p 進 L 関数を構成した手法と同様の手法を用いて，p 進ガンマ関数は領域 $1+2q\mathbb{Z}_p$ 上で p 進正則関数であることが示されている[*9]．

[*9] [Mo1] 参照．

8.3　p 進ガンマ関数と p 進 L 関数の微分

この節では $p \neq 2$ と仮定し，ディリクレ指標 χ に付随する p 進 L 関数の微分 $L_p'(s,\chi)$ の $s=0$ での値が p 進ガンマ関数の和で表せること（定理 8.3）を示す．χ を原始的ディリクレ指標かつ偶指標とし，$\chi_1 = \chi\omega^{-1}$ の導手 d は p で割れないと仮定する．定理 6.4 より，$\kappa = 1 + pd$ とおくと，あるべき級数 $G_\chi(T) \in \mathbb{Z}_p[\mathrm{Im}\chi][[T]]$ が存在し，任意の $s \in D = \{s \in \mathbb{C}_p \mid |s|_p < p^{1-\frac{1}{p-1}}\}$ に対し，

$$L_p(s,\chi) = G_\chi(\kappa^s - 1)$$

が成り立つ．

$$G_\chi(T) = \sum_{m=0}^{\infty} a_m T^m, \quad a_m \in \mathbb{Z}_p[\mathrm{Im}\chi]$$

とおく．

$$\begin{aligned} L_p'(s,\chi) &= \frac{d}{ds} G_\chi(\kappa^s - 1) \\ &= \kappa^s \log_p(\kappa) \sum_{m=1}^{\infty} m a_m (\kappa^s - 1)^{m-1} \end{aligned}$$

より，

$$L_p'(0,\chi) = a_1 \log_p(\kappa) = G_\chi'(0) \log_p(\kappa) \tag{8.3}$$

を得る．n を任意の正の整数とする．多項式

$$\omega_n(T) = (1+T)^{p^n} - 1$$

に対し，環の同型

$$\mathbb{Z}_p[\mathrm{Im}\chi][[T]]/(\omega_n(T)) \simeq \mathbb{Z}_p[\mathrm{Im}\chi][T]/(\omega_n(T))$$

により，$G_\chi(T) \in \mathbb{Z}_p[\mathrm{Im}\chi][[T]]$ は

$$G_\chi(T) = F_n(T) + \omega_n(T) H_n(T), \tag{8.4}$$

$$F_n(T) \in \mathbb{Z}_p[\mathrm{Im}\chi][T],\ \deg F_n(T) < p^n,\ H_n(T) \in \mathbb{Z}_p[\mathrm{Im}\chi][[T]]$$

と表せる．

$$F_n(T) = \sum_{k=0}^{p^n-1} b_k (1+T)^k \quad (b_k \in \mathbb{Z}_p[\mathrm{Im}\chi])$$

とおくと,

$$G'_\chi(T) = \sum_{k=1}^{p^n-1} kb_k(1+T)^{k-1} + p^n(1+T)^{p^n-1}H_n(T) + \omega_n(T)H'_n(T)$$

である. よって,

$$G'_\chi(0) \equiv \sum_{k=1}^{p^n-1} kb_k \pmod{p^n\mathbb{Z}_p[\mathrm{Im}\chi]} \tag{8.5}$$

を得る. $\mathbb{Z}_p^\times = \mu_{p-1}(\mathbb{Q}_p) \times (1+p\mathbb{Z}_p)$ より, 任意の $a \in \mathbb{Z}_p^\times$ に対し, ある整数 $\ell(a)$ $(1 \leqq \ell(a) \leqq p^n)$ と $u \in \mu_{p-1}(\mathbb{Q}_p)$ が存在し,

$$a \equiv u\kappa^{\ell(a)} \pmod{p^{n+1}\mathbb{Z}_p} \tag{8.6}$$

が成り立つ. (p^n-1) 次多項式

$$F(t) = \sum_{j=0}^{p^n-1}\left\{ b_{p^n-j-1} + \frac{1}{d}\sum_{\substack{1\leqq a\leqq p^{n+1},(a,p)=1\\ \ell(a)=j+1}}\sum_{b=0}^{d-1} b\chi_1(a+bp^{n+1})\right\}t^j \tag{8.7}$$

$$\in \mathbb{Z}_p[\mathrm{Im}\chi][t]$$

が任意の 1 の p^n 乗根 ζ を根にもつことを示す. ζ は n のある約数 m に対し, 1 の原始 p^m 乗根である. ρ を $\rho(\kappa) = \zeta$ をみたす導手 p^{m+1} の第二種原始的ディリクレ指標とする. 補題 6.3, 定理 6.4 から,

$$L_p(s, \chi\rho) = G_\chi(\zeta^{-1}\kappa^s - 1)$$

であるから, (8.6) を用いると,

$$\begin{aligned}
G_\chi(\zeta^{-1}-1) &= L_p(0,\chi\rho)\\
&= -(1-\chi_1\rho(p))B_{1,\chi_1\rho}\\
&= -\frac{1}{dp^{n+1}}\sum_{\substack{a=1\\(a,p)=1}}^{dp^{n+1}} a\chi_1\rho(a)\\
&= -\frac{1}{dp^{n+1}}\sum_{\substack{a=1\\(a,p)=1}}^{p^{n+1}}\sum_{b=0}^{d-1}(a+bp^{n+1})\chi_1(a+bp^{n+1})\rho(\kappa^{\ell(a)})\\
&= -\frac{1}{d}\sum_{\substack{a=1\\(a,p)=1}}^{p^{n+1}}\sum_{b=0}^{d-1} b\chi_1(a+bp^{n+1})\zeta^{\ell(a)}
\end{aligned}$$

$$= -\frac{1}{d}\sum_{j=1}^{p^n}\zeta^j \sum_{\substack{1\leqq a\leqq p^{n+1},(a,p)=1\\ \ell(a)=j}} \sum_{b=0}^{d-1} b\chi_1(a+bp^{n+1}). \tag{8.8}$$

一方，(8.4) より，

$$\begin{aligned} G_\chi(\zeta^{-1}-1) &= F_n(\zeta^{-1}-1) \\ &= \sum_{k=0}^{p^n-1} b_k\zeta^{-k} \\ &= \sum_{j=1}^{p^n} b_{p^n-j}\zeta^j \end{aligned} \tag{8.9}$$

である．よって，(8.7)，(8.8)，(8.9) より，$F(\zeta) = 0$ を得る．以上より，(p^n-1) 次多項式 $F(t)$ はすべての 1 の p^n 乗根を根にもつので零多項式である．よって，次の等式を得る．

$$b_{p^n-j-1} = -\frac{1}{d} \sum_{\substack{1\leqq a\leqq p^{n+1},(a,p)=1\\ \ell(a)=j+1}} \sum_{b=0}^{d-1} b\chi_1(a+bp^{n+1}) \quad (j=0,1,\cdots,p^n-1)$$

得られた式を (8.5) に代入すると，

$$\begin{aligned} G'_\chi(0) &\equiv \sum_{j=0}^{p^n-2}(p^n-j-1)b_{p^n-j-1} \qquad (\mathrm{mod}\ p^n\mathbb{Z}_p[\mathrm{Im}\chi]) \\ &\equiv -\frac{1}{d}\sum_{j=0}^{p^n-2}(p^n-j-1) \sum_{\substack{1\leqq a\leqq p^{n+1},(a,p)=1\\ \ell(a)=j+1}} \sum_{b=0}^{d-1} b\chi_1(a+bp^{n+1}) \\ &\equiv -\frac{1}{d}\sum_{\substack{a=1\\(a,p)=1}}^{p^{n+1}} (p^n-\ell(a)) \sum_{b=0}^{d-1} b\chi_1(a+bp^{n+1}) \\ &\equiv \frac{1}{d}\sum_{\substack{a=1\\(a,p)=1}}^{p^{n+1}} \sum_{b=0}^{d-1} \ell(a)b\chi_1(a+bp^{n+1}) \end{aligned} \tag{8.10}$$

を得る．次に，$(\mathbb{Z}/d\mathbb{Z})^\times$ における p の位数を f とし，$p_0 = p^f$ とおく．f の定義から $p_0 \equiv 1 \pmod d$ である．合同式 (8.10) において，$f|(n+1)$ のときを考える．$n+1 = fm$ ($m\in\mathbb{Z}$, $m>0$) とおくと，

$$G'_\chi(0) \equiv \frac{1}{d}\sum_{\substack{a=1\\(a,p)=1}}^{p_0^m} \sum_{b=0}^{d-1} \ell(a)b\chi_1(a+bp_0^m) \quad (\mathrm{mod}\ p^n\mathbb{Z}_p[\mathrm{Im}\chi])$$

$$\equiv \frac{1}{d} \sum_{\substack{a=1 \\ (a,p)=1}}^{p_0^m} \sum_{b=0}^{d-1} \ell(a) b \chi_1(a+b)$$

である．よって，(8.3) と $\log_p(a) \equiv \ell(a) \log_p(\kappa) \pmod{p^{n+1}\mathbb{Z}_p}$ より，

$$L_p'(0, \chi) = \lim_{m \to \infty} \frac{1}{d} \sum_{\substack{a=1 \\ (a,p)=1}}^{p_0^m} \sum_{b=0}^{d-1} \log_p(a) b \chi_1(a+b) \tag{8.11}$$

が成り立つ．非負整数 c に対し，

$$S_c = \sum_{b=0}^{d-1} b \chi_1(c+b)$$

とおく．$S_0 = dB_{1,\chi_1}$ であり，$c \geqq 1$ のとき，χ_1 の導手が d であることに注意すると，

$$\begin{aligned} S_c &= \sum_{b=1}^{d} (b-1) \chi_1(c-1+b) \\ &= \sum_{b=1}^{d} b \chi_1(c-1+b) \\ &= S_{c-1} + d\chi_1(c-1) \end{aligned}$$

であるから，この漸化式を繰り返し用いて，

$$\begin{aligned} S_c &= S_0 + d \sum_{u=0}^{c-1} \chi_1(u) \\ &= d \left(B_{1,\chi_1} + \sum_{u=0}^{c-1} \chi_1(u) \right) \end{aligned}$$

を得る．よって (8.11) より，

$$\begin{aligned} L_p'(0, \chi) &= \lim_{m \to \infty} \frac{1}{d} \sum_{c=1}^{d} S_c \sum_{\substack{1 \leqq a \leqq p_0^m, (a,p)=1 \\ a \equiv c \pmod{d}}} \log_p(a) \\ &= \lim_{m \to \infty} \left\{ B_{1,\chi_1} \sum_{\substack{a=1 \\ (a,p)=1}}^{p_0^m} \log_p(a) + \sum_{c=1}^{d} \sum_{u=0}^{c-1} \chi_1(u) \sum_{\substack{1 \leqq a \leqq p_0^m, (a,p)=1 \\ a \equiv c \pmod{d}}} \log_p(a) \right\} \end{aligned}$$

$$= \lim_{m\to\infty}\left\{B_{1,\chi_1}\log_p(\Gamma_p(p_0^m)) + \sum_{u=0}^{d-1}\sum_{c=u+1}^{d}\chi_1(u)\sum_{\substack{1\leqq a\leqq p_0^m,(a,p)=1\\ a\equiv c \pmod d}}\log_p(a)\right\}$$

を得る．p 進ガンマ関数，p 進対数関数の連続性から，

$$\lim_{m\to\infty}\log_p(\Gamma_p(p_0^m)) = \log_p(\Gamma_p(0)) = \log_p(1) = 0$$

より，

$$L_p'(0,\chi) = \lim_{m\to\infty}\sum_{u=0}^{d-1}\chi_1(u)T_m(u),$$
$$T_m(u) = \sum_{c=u+1}^{d}\sum_{\substack{1\leqq a\leqq p_0^m,(a,p)=1\\ a\equiv c \pmod d}}\log_p(a) \tag{8.12}$$

を得る．整数 a に対し，正の整数 $[a]_d$ を

$$a \equiv [a]_d \pmod d, \quad 1 \leqq [a]_d \leqq d$$

で定める．非負整数 m, u に対し，集合 $A_m(u)$ を

$$A_m(u) = \{a \in \mathbb{Z} \mid 1 \leqq a \leqq p_0^m - 1,\ u+1 \leqq [a]_d,\ p \nmid a\}$$

と定める．$p_0^m \equiv 1 \pmod d$ から，非負整数 k_m を

$$k_m = \frac{p_0^m - 1}{d}$$

とおく．$u+1 \leqq [a]_d$ をみたす整数 a $(1 \leqq a \leqq p_0^m - 1)$ に対し，

$$a = c + rd, \quad u+1 \leqq c \leqq d, \quad 0 \leqq r \leqq k_m - 1$$

をみたす整数の組 (c, r) が唯一組定まる．このとき，整数 b_a を

$$b_a = k_m(d-c) + r + 1$$

とおくと，

$$k_m a \equiv -b_a \pmod{p_0^m} \tag{8.13}$$

かつ

$$p|a \iff p|b_a$$

である．このとき写像

$$\Phi_u:\ A_m(u) \to \{b \in \mathbb{Z} \mid 1 \leqq b \leqq k_m(d-u),\ p \nmid b\}, \quad a \mapsto b_a$$

は全単射である．また，(8.13) から $p \nmid a$ のとき

$$\log_p(k_m a) \equiv \log_p(b_a) \qquad (\mathrm{mod}\ p_0^m)$$

が成り立つので，

$$\begin{aligned}
\log_p(\Gamma_p(k_m(d-u)+1)) &= \sum_{\substack{b=1 \\ (b,p)=1}}^{k_m(d-u)} \log_p(b) \\
&= \sum_{a \in A_m(u)} \log_p(b_a) \\
&= \sum_{c=u+1}^{d} \sum_{\substack{1 \leqq a \leqq p_0^m, (a,p)=1 \\ a \equiv c\ (\mathrm{mod}\ d)}} \log_p(b_a) \\
&\equiv \sum_{c=u+1}^{d} \sum_{\substack{1 \leqq a \leqq p_0^m, (a,p)=1 \\ a \equiv c\ (\mathrm{mod}\ d)}} \log_p(k_m a) \quad (\mathrm{mod}\ p_0^m) \\
&= T_m(u) + \sharp A_m(u) \log_p(k_m)
\end{aligned}$$

である．よって，$\lim_{m\to\infty} k_m = -1/d$ から

$$\begin{aligned}
\log_p\left(\Gamma_p\left(\frac{u}{d}\right)\right) &= \lim_{m\to\infty} \Gamma_p(k_m(d-u)+1) \\
&= \lim_{m\to\infty} \{T_m(u) + \sharp A_m(u) \log_p(k_m)\}
\end{aligned}$$

であり，(8.12) から，

$$L_p'(0,\chi) = \sum_{u=0}^{d-1} \chi_1(u) \log_p\left(\Gamma_p\left(\frac{u}{d}\right)\right) + \log_p(d) \lim_{m\to\infty} \sum_{u=0}^{d-1} \chi_1(u) \sharp A_m(u)$$

を得る．以下を示せば，上記の等式から定理 8.3 の主張が得られる．

$$\lim_{m\to\infty} \sum_{u=0}^{d-1} \chi_1(u) \sharp A_m(u) = (1-\chi_1(p)) B_{1,\chi_1} \tag{8.14}$$

2 つの集合

$$X_m(u) = \{a \in \mathbb{Z} \mid 1 \leqq a \leqq p_0^m - 1,\ u+1 \leqq [a]_d\}$$

と

$$\{(c,r) \in \mathbb{Z}^2 \mid u+1 \leqq c \leqq d,\ 0 \leqq r \leqq k_m - 1\}$$

は対応

$$a=c+rd \quad (u+1 \leqq c \leqq d,\ 0 \leqq r \leqq k_m-1) \longleftrightarrow (c,r)$$

によって 1 対 1 に対応し，$\sharp X_m(u)=k_m(d-u)$ である．

$$\begin{aligned} B_m(u) &= X_m(u) \setminus A_m(u) \\ &= \{a \in \mathbb{Z} \mid 1 \leqq a \leqq p_0^m-1,\ u+1 \leqq [a]_d,\ p|a\} \end{aligned}$$

に含まれる元の数について考える．整数 d^* を

$$dd^* \equiv -1 \pmod{p}, \quad 0<d^*<p$$

をみたすものとすると，$k_m \equiv d^* \pmod{p}$ より，d^* は k_m の法 p に関する最小正剰余である．また，$u+1 \leqq c \leqq d$ をみたす整数 c を固定すると，$c+rd \equiv 0 \pmod{p}$ をみたす整数 r は $0 \leqq r \leqq k_m-d^*-1$ の範囲に $(k_m-d^*)/p$ 個ある．よって，

$$u+1 \leqq c \leqq d, \quad 0 \leqq r \leqq k_m-d^*-1, \quad c+rd \equiv 0 \pmod{p}$$

をみたす (c,r) の組は，$(d-u)(k_m-d^*)/p$ 個なので，

$$\begin{aligned} &\varepsilon(u) \\ &= \sharp\{(c,r) \in \mathbb{Z}^2 \mid u+1 \leqq c \leqq d,\ k_m-d^* \leqq r \leqq k_m-1,\ c+rd \equiv 0 \pmod{p}\} \\ &= \sharp\{(c,r) \in \mathbb{Z}^2 \mid u+1 \leqq c \leqq d,\ 0 \leqq r \leqq d^*-1,\ c+rd \equiv 0 \pmod{p}\} \end{aligned} \tag{8.15}$$

とおくと，

$$\begin{aligned} \sharp B_m(u) &= (d-u)\frac{k_m-d^*}{p}+\varepsilon(u), \\ \sharp A_m(u) &= \sharp X_m(u)-\sharp B_m(u) \\ &= k_m(d-u)-(d-u)\frac{k_m-d^*}{p}-\varepsilon(u) \end{aligned}$$

である．これより，

$$\begin{aligned} \lim_{m\to\infty}\sum_{u=0}^{d-1}\chi_1(u)\sharp A_m(u) &= \sum_{u=0}^{d-1}\chi_1(u)\left\{-\frac{1}{d}(d-u)-(d-u)\frac{-1/d-d^*}{p}\right\} \\ &\quad -\sum_{u=0}^{d-1}\chi_1(u)\varepsilon(u) \\ &= \left(\frac{1}{d}-\frac{1+dd^*}{pd}\right)\sum_{u=1}^{d-1}u\chi_1(u)-\sum_{u=0}^{d-1}\chi_1(u)\varepsilon(u) \end{aligned}$$

$$= \left(1 - \frac{1+dd^*}{p}\right) B_{1,\chi_1} - \sum_{u=1}^{d-1} \chi_1(u)\varepsilon(u) \tag{8.16}$$

を得る．$p^* = (1+dd^*)/p$ とおくと，$1 \leqq u \leqq d-1$ をみたす任意の整数 u に対し，

$$p^*u + d\varepsilon(u) - [up^*]_d = (p^*-1)d \tag{8.17}$$

が成り立つことを認めると，(8.16) から，

$$\begin{aligned}
\lim_{m\to\infty} \sum_{u=0}^{d-1} \chi_1(u)\sharp A_m(u) &= (1-p^*)B_{1,\chi_1} - \frac{1}{d}\sum_{u=0}^{d-1} \chi_1(u)\{(p^*-1)d - p^*u + [up^*]_d\} \\
&= (1-p^*)B_{1,\chi_1} + p^*B_{1,\chi_1} - \frac{1}{d}\sum_{u=0}^{d-1} \chi_1(u)[up^*]_d \\
&= B_{1,\chi_1} - \frac{1}{d}\sum_{a=0}^{d-1} \chi_1(ap)a \\
&= (1-\chi_1(p))B_{1,\chi_1}
\end{aligned}$$

となり，(8.14) が示され，定理 8.3 の主張が得られる．

証明の途中で認めた等式 (8.17) については，まず左辺の値が u $(1 \leqq u \leqq d-1)$ に依存しないことが次のように分かる．

整数 u $(1 \leqq u \leqq d-1)$ に対し，

$$c_u = p^*u + d\varepsilon(u) - [up^*]_d$$

とおき，$c_u = c_{u+1}$ を示す．d は p で割れない整数なので，

$$(u+1) + xd \equiv 0 \pmod{p} \tag{8.18}$$

をみたす整数 x が $0 \leqq x \leqq p-1$ の範囲に唯一つ存在する．この x に対し，$p^* = (1+dd^*)/p$ から，$(d^*-x)d - u \equiv 0 \pmod{p}$ なので，整数 z を

$$z = \frac{(d^*-x)d-u}{p}$$

とおく．以下，x が $0 \leqq x \leqq d^*-1$ の場合と $d^* \leqq x \leqq p-1$ の場合とで分けて考える．

(1) $0 \leqq x \leqq d^*-1$ の場合を考える．このとき，(8.15) と (8.18) から

$$\varepsilon(u+1) = \varepsilon(u) - 1$$

である．また，$1 \leqq u \leqq d-1$，$0 \leqq x \leqq d^*-1$ より，

$$1 \leqq (d^* - x)d - u \leqq pp^* - 2$$

であるから，$z \in \mathbb{Z}$ より，

$$1 \leqq z = \frac{(d^* - x)d - u}{p} \leqq p^* - 1$$

を得る．さらに $0 < d^* < p$, $p^* = (1 + dd^*)/p$ から，$0 < p^* < d$ なので $1 \leqq z < d - 1$ を得る．この不等式と $p^* = (1 + dd^*)/p$, $z = ((d^* - x)d - u)/p$ から得られる合同式

$$-z \equiv -p^* pz \equiv p^* u \pmod d \tag{8.19}$$

から，

$$[up^*]_d = d - z, \quad [(u+1)p^*]_d = p^* - z$$

である．以上から，

$$\begin{aligned} c_{u+1} &= p^*(u+1) + d\varepsilon(u+1) - [(u+1)p^*]_d \\ &= p^*(u+1) + d(\varepsilon(u) - 1) - (p^* - z) \\ &= p^* u + d\varepsilon(u) - [up^*]_d \\ &= c_u \end{aligned}$$

となり，$c_u = c_{u+1}$ が成り立つことが分かる．

（2）$d^* \leqq x \leqq p - 1$ の場合を考える．このとき，(8.15) と (8.18) から

$$\varepsilon(u+1) = \varepsilon(u)$$

である．また，$1 \leqq u \leqq d - 1$, $0 \leqq x \leqq d^* - 1$ より，

$$p(p^* - d) \leqq (d^* - x)d - u \leqq -1$$

であるから，$z \in \mathbb{Z}$ より，

$$-(d - p^*) \leqq z = \frac{(d^* - x)d - u}{p} \leqq -1$$

を得る．さらに $0 < d^* < p$, $p^* = (1 + dd^*)/p$ から，$0 < p^* < d$ なので $1 \leqq z < d - 1$ を得る．この不等式と合同式 (8.19) から，

$$[up^*]_d = -z, \quad [(u+1)p^*]_d = p^* - z$$

である．以上から，

$$\begin{aligned} c_{u+1} &= p^*(u+1) + d\varepsilon(u+1) - [(u+1)p^*]_d \\ &= p^*(u+1) + d\varepsilon(u) - (p^* - z) \\ &= p^*u + d\varepsilon(u) - [up^*]_d \\ &= c_u \end{aligned}$$

となり，$c_u = c_{u+1}$ が成り立つことが分かる．

（1），（2）から (8.17) の左辺の値は，u $(1 \leqq u \leqq d-1)$ に依存しない．

よって，

$$c = p^*u + d\varepsilon(u) - [up^*]_d$$

とおくと，

$$c = p^*(d-1) + d\varepsilon(d-1) - [(d-1)p^*]_d \tag{8.20}$$

である．$p^* = (1+dd^*)/p$ に対し，$0 < d^* < p$ より，$0 < p^* < d$ から，$1 \leqq d - p^* < d$ である．よって，

$$[(d-1)p^*]_d = d - p^*$$

が分かる．また，$d^* < p$ から $d + rd \equiv 0 \pmod{p}$ をみたす整数 r は $0 \leqq r \leqq d^* - 1$ の範囲に存在しないので，（8.15）から $\varepsilon(d-1) = 0$ である．よって（8.20）から $c = (p^* - 1)d$ が分かる．

8.4 単数規準

F を代数体，$[F : \mathbb{Q}] = n$ とする．F の $\mathbb{C}$ への n 個の埋め込み

$$\sigma_i : F \hookrightarrow \mathbb{C} \quad (i = 1, \cdots, n)$$

のうち，$i = 1, \cdots, r_1$ に対しては $\sigma_i(F) \subset \mathbb{R}$, $i = r_1 + 1, \cdots, n$ $(n = r_1 + 2r_2)$ に対しては，$\sigma_i(F) \not\subset \mathbb{R}$ であるとし，$k = 1, \cdots, r_2$ に対し，

$$\sigma_{r_1+r_2+k}(a) = \overline{\sigma_{r_1+k}(a)} \quad (\sigma_{r_1+k}(a) \text{ の複素共役})$$

とする．F の単数群 E_F から加法群 $\mathbb{R}^r$ $(r = r_1 + r_2 - 1)$ への群の準同型写像

$$\rho_\infty : E_F \to \mathbb{R}^r, \quad u \mapsto (\log(|u^{(1)}|), \cdots, \log(|u^{(r)}|)),$$

を考える．ここで，$u^{(i)} = \sigma_i(u)$ であり，$|\quad|$ は複素数の絶対値を表す．ディリクレはこの写像に対し，Ker $\rho_\infty = \mu(F)$（F に含まれる 1 のべき乗根全体）であり，$\rho_\infty(E_F)$ はランク r の格子，すなわち $\mathbb{R}$ 上一次独立なベクトルの組 $\boldsymbol{v}_1, \cdots, \boldsymbol{v}_r \in \mathbb{R}^r$ が存在し，

$$\rho_\infty(E_F) = \left\{ \sum_{i=1}^{r} n_i \boldsymbol{v}_i \,\middle|\, n_i \in \mathbb{Z} \right\}$$

が成り立つことを示した．よって，$\varepsilon_i \in E_F$ $(i = 1, \cdots, r)$ を

$$\boldsymbol{v}_i = \rho_\infty(\varepsilon_i)$$

とおくと，次の定理が従う．

ディリクレの単数定理

任意の $u \in E_F$ に対し，$\zeta \in \mu(F)$ と $n_1, \cdots, n_r \in \mathbb{Z}$ が存在し，u は

$$u = \zeta \varepsilon_1^{n_1} \cdots \varepsilon_r^{n_r}$$

の形に一意的に表される．

整数論において単数群 E_F の情報は重要だが，この定理は E_F の群構造を与えている．しかし，E_F の自由部分群の生成元 $\varepsilon_1, \cdots, \varepsilon_r$ を具体的に求めることは一般に難しい問題である．$\varepsilon_1, \cdots, \varepsilon_r \in E_F$ は代数体 F の基本単数系とよばれている．

空間 $\mathbb{R}^{r+1}$ 内のランク k の格子

$$\mathscr{L}(\boldsymbol{v}_1, \cdots, \boldsymbol{v}_k) = \left\{ \sum_{i=1}^{k} x_i \boldsymbol{v}_i \,\middle|\, x_i \in \mathbb{Z} \right\}$$

に対し，$k \times (r+1)$ 行列 B を

$$B = \begin{bmatrix} \boldsymbol{v}_1 \\ \vdots \\ \boldsymbol{v}_k \end{bmatrix}$$

とおくと，

$$\mathrm{vol}(\boldsymbol{v}_1, \cdots, \boldsymbol{v}_k) = \sqrt{\det(B\ {}^t\!B)}$$

は格子 $\mathscr{L}(\boldsymbol{v}_1, \cdots, \boldsymbol{v}_k)$ の基本領域

$$\mathscr{L}_0(\boldsymbol{v}_1, \cdots, \boldsymbol{v}_k) = \left\{ \sum_{i=1}^{k} x_i \boldsymbol{v}_i \,\middle|\, 0 \leqq x_i < 1 \right\}$$

の体積を表す．この体積が小さいことは空間 $\mathbb{R}^{r+1}$ において格子 $\mathscr{L}(\boldsymbol{v}_1, \cdots, \boldsymbol{v}_k)$ の密度が高いことを意味する．

$u \in E_F$ に対し，

$$||u||_i = \begin{cases} |u^{(i)}| & (i = 1, \cdots, r_1) \\ |u^{(i)}|^2 & (i = r_1 + 1, \cdots, r_2) \end{cases}$$

とおく．F の基本単数系 $\varepsilon_1, \cdots, \varepsilon_r$ に対し，ベクトル $\boldsymbol{v}_1, \cdots, \boldsymbol{v}_r \in \mathbb{R}^{r+1}$ を

$$\boldsymbol{v}_i = (\log(||\varepsilon_i||_1), \cdots, \log(||\varepsilon_i||_{r_1+r_2})) \quad (i = 1, \cdots, r)$$

とおく．$r \times (r+1)$ 行列

$$B = \begin{bmatrix} \boldsymbol{v}_1 \\ \vdots \\ \boldsymbol{v}_r \end{bmatrix}$$

とベクトル $\boldsymbol{b} = (1 \ \cdots \ 1) \in \mathbb{R}^{r+1}$ に対し，$N(\varepsilon_i) = \varepsilon_i^{(1)} \cdots \varepsilon_i^{(n)} = \pm 1$ を用いると，

$$\begin{aligned} \det \begin{bmatrix} \boldsymbol{b} \\ B \end{bmatrix} &= \det \begin{bmatrix} 1 & \cdots & 1 \\ \log(||\varepsilon_1||_1) & \cdots & \log(||\varepsilon_1||_{r_1+r_2}) \\ \vdots & & \vdots \\ \log(||\varepsilon_r||_1) & \cdots & \log(||\varepsilon_r||_{r_1+r_2}) \end{bmatrix} \\ &= \det \begin{bmatrix} 1 & \cdots & 1 & r_1 + r_2 \\ \log(||\varepsilon_1||_1) & \cdots & \log(||\varepsilon_1||_r) & 0 \\ \vdots & & \vdots & \vdots \\ \log(||\varepsilon_r||_1) & \cdots & \log(||\varepsilon_r||_r) & 0 \end{bmatrix} \\ &= (-1)^r 2^{r_2 - 1}(r_1 + r_2) \det \begin{bmatrix} \rho_\infty(\varepsilon_1) \\ \vdots \\ \rho_\infty(\varepsilon_r) \end{bmatrix} \end{aligned}$$

を得る．$\rho_\infty(\varepsilon_1), \cdots, \rho_\infty(\varepsilon_r)$ は $\mathbb{R}$ 上一次独立なので，

$$\det \begin{bmatrix} \rho_\infty(\varepsilon_1) \\ \vdots \\ \rho_\infty(\varepsilon_r) \end{bmatrix} \neq 0$$

である．よって，ベクトル $\boldsymbol{v}_1, \cdots, \boldsymbol{v}_r \in \mathbb{R}^{r+1}$ は $\mathbb{R}$ 上一次独立である．代数体 F の単数規準 $R(F)$ を

$$R(F) = \frac{1}{\sqrt{r_1 + r_2}} \operatorname{vol}(\boldsymbol{v}_1, \cdots, \boldsymbol{v}_r) \quad (\neq 0)$$

と定める．

$$R(F) = \frac{1}{\sqrt{r_1+r_2}} \sqrt{\det(B\ {}^tB)} \tag{8.21}$$

$$= \sqrt{\frac{1}{r_1+r_2} \det \begin{bmatrix} 1 & 0 & \cdots & 0 \\ 0 & & & \\ \vdots & & B\ {}^tB & \\ 0 & & & \end{bmatrix}}$$

$$= \sqrt{\det \left\{ \begin{bmatrix} \dfrac{1}{r_1+r_2}\ \boldsymbol{b} \\ B \end{bmatrix} \begin{bmatrix} \dfrac{1}{r_1+r_2} {}^t\boldsymbol{b} & {}^tB \end{bmatrix} \right\}}$$

$$= \left| \det \begin{bmatrix} \dfrac{1}{r_1+r_2}\ \boldsymbol{b} \\ B \end{bmatrix} \right|$$

$$= \frac{1}{r_1+r_2} \left| \det \begin{bmatrix} \boldsymbol{b} \\ B \end{bmatrix} \right|$$

$$= \left| \det \begin{bmatrix} \log(||\varepsilon_1||_1) & \cdots & \log(||\varepsilon_1||_r) \\ \vdots & & \vdots \\ \log(||\varepsilon_r||_1) & \cdots & \log(||\varepsilon_r||_r) \end{bmatrix} \right| \tag{8.22}$$

が成り立つ．代数体 F の単数規準はデデキントゼータ関数 $\zeta_F(s) = \displaystyle\sum_{\substack{\mathfrak{a} \neq \{0\} \\ F\text{の整イデアル}}} \frac{1}{N\mathfrak{a}^s}$ の $s = 1$ における留数に現れる．

解析的類数公式

$$\mathrm{Res}_{s=1}\zeta_F(s) = \lim_{s\to 1}(s-1)\zeta_F(s) = \frac{2^{r_1}(2\pi)^{r_2}h_F R(F)}{\sharp\mu(F)\sqrt{D_F}} \tag{8.23}$$

ここで，h_F，$\mu(F), D_F$ はそれぞれ F の類数，F に含まれる 1 のべき乗根がなす群，F の判別式である．たとえば，$F=\mathbb{Q}$ のときは，$r_1=1$，$r_2=0$，$h_F=R(F)=D_F=1$，$\mu(F)=\{\pm 1\}$ より，(8.23) は

$$\mathrm{Res}_{s=1}\zeta(s) = \mathrm{Res}_{s=1}\zeta_{\mathbb{Q}}(s) = 1$$

となり，リーマンのゼータ関数の $s=1$ における留数が 1 であることが得られる．一般に (8.23) から，代数体 F に対し，$R(F)\neq 0$ であることと，$\zeta_F(s)$ が $s=1$ において 1 位の極をもつことが対応していることが分かる．

$\zeta_F(s)$ は $s=1$ において 1 位の極をもつ $\iff$ $R(F)\neq 0$

関数等式からデデキントゼータ関数の 0 以下の整数における位数が次のように分かる．

$$\mathrm{ord}_{s=-n}\zeta_F(s) = \begin{cases} r_1+r_2-1 & (n=0\ \text{のとき}) \\ r_2 & (n\ \text{が正の奇数のとき}) \\ r_1+r_2 & (n\ \text{が正の偶数のとき}) \end{cases}$$

$d_n = \mathrm{ord}_{s=-n}\zeta_F(s)$ とおくと，$d_0=r$ は F の単数群 E_F の自由部分のランクである．解析的類数公式 (8.23) と関数等式から，デデキントゼータ関数の $s=0$ におけるテーラー展開の先頭項の係数に関する次の主張が得られる．

$$\lim_{s\to 0} s^{-d_0}\zeta_F(s) = -\frac{h_F R(F)}{\sharp\mu(F)} = -\frac{\text{イデアル類群の位数}}{\text{単数群のねじれ部分の位数}} \times R(F)$$

この等式は，イデアル類群，単数群の一般化である F の整数環 O_F の偶数次 K

群 $K_{2n}(O_F)$，奇数次 K 群 $K_{2n+1}(O_F)$ とボレルによって定義された高次単数規準 $R_n(F)$ に関する次の主張に一般化されると予想されている（リヒテンバウム予想）[*10].

$$\lim_{s\to -n}(s+n)^{-d_n}\zeta_F(s) \risingdotseq \pm\frac{K_{2n}(O_F)\text{ の位数}}{K_{2n+1}(O_F)\text{ のねじれ部分の位数}}\times R_n(F)$$

（記号「$\risingdotseq$」は両辺が 2 べきの違いを除いて一致することを意味する）

8.5　p 進単数規準

代数体 F に対し，(8.22) の対数関数を p 進対数関数に置き換えた値を $R_p(F)$ と表し，F の p **進単数規準**という.

$$R_p(F) = \det\begin{bmatrix} \log_p(||\varepsilon_1||_1) & \cdots & \log_p(||\varepsilon_1||_r) \\ \vdots & & \vdots \\ \log_p(||\varepsilon_r||_1) & \cdots & \log_p(||\varepsilon_r||_r) \end{bmatrix}$$

単位指標 $\mathbf{1} : I_F \to \mathbb{C}$, $\mathfrak{a} \mapsto 1$ に付随する p 進 L 関数を $\zeta_{F,p}(s) = L_p(s,\mathbf{1})$ とおく. F が総実代数体のとき，(8.23) の類似が成り立つことが知られている[*11].

$$\lim_{s\to 1}(s-1)\zeta_{F,p}(s) = \frac{2^{r_1}h_F R_p(F)}{\sharp\mu(F)\sqrt{D_F}}\prod_{\mathfrak{p}|p}(1-N\mathfrak{p}^{-1})$$

が成り立つ．この等式から，

総実代数体 F に対し，

$$\zeta_{F,p}(s)\text{ は } s=1 \text{ において 1 位の極をもつ} \iff R_p(F)\neq 0$$

が従う．一般に $R_p(F)\neq 0$ が成り立つかどうかは，未解決問題であるが[*12]，F が有理数体または虚二次体上のアーベル拡大体のときは，ブルーマーが定理 8.2 を用い，予想が正しいことを証明している[*13].

[*10] [Sn]，第 1 章参照.

[*11] [Colz] 参照.

[*12] [Le2] 参照.

[*13] [Br] 参照.

レオポルド予想

任意の代数体 F に対し,

$$R_p(F) \neq 0$$

が成り立つ.

8.6 p 進 L 関数の正の整数での値と第 1 種スターリング数

この節では,ディリクレ指標 χ に付随する p 進 L 関数 $L_p(s,\chi)$ の $s = 2, 3, \cdots$ における値が第 1 種スターリング数を含む無限級数で表されることを示す[*14].

定義 8.5 整数 n, m $(n \geqq 1,\ 0 \leqq m \leqq n)$ に対し,整数 $s(n,m)$ を

$$x(x-1)(x-2)\cdots(x-n+1) = \sum_{m=0}^{n} s(n,m)x^m$$

と定め,第 1 種スターリング数[*15]とよぶ.また,$n = m = 0$ のときは $s(0,0) = 1$ と定める.

以下の性質は簡単に確かめることができる.

第 1 種スターリング数の性質

(1) $s(n,0) = 0 \quad (n \neq 0)$

(2) $s(n,n) = 1$

(3) $s(n,1) = (-1)^{n-1}(n-1)!$

(4) $s(n,n-1) = -\binom{n}{2}$

(5) $s(n+1,m) = s(n,m-1) - n\, s(n,m)$

---

*14 証明の方針は [Di2] に依る.

*15 $(-1)^{n+m}s(n,m)$ は非負整数であり,n 個の要素を m 個の巡回列に分割する組み合わせの総数に等しいことが知られている.

表 8.1　第 1 種スターリング数 $s(n,m)$ $(0 \leqq n \leqq 9)$

$n\backslash m$	0	1	2	3	4	5	6	7	8	9
0	1									
1	0	1								
2	0	-1	1							
3	0	2	-3	1						
4	0	-6	11	-6	1					
5	0	24	-50	35	-10	1				
6	0	-120	274	-225	85	-15	1			
7	0	720	-1764	1624	-735	175	-21	1		
8	0	-5040	13068	-13132	6769	-1960	322	-28	1	
9	0	40320	-109584	118124	-67284	22449	-4536	546	-36	1

形式的べき級数 $\log(1+t) = \sum_{n \geqq 1} (-1)^{n-1} \dfrac{t^n}{n}$ に対し，次が成り立つ．

補題 8.6　任意の非負整数 m に対し，

$$\frac{(\log(1+t))^m}{m!} = \sum_{n \geqq m} s(n,m) \frac{t^n}{n!}$$

である．

証明　$n \geqq m$ をみたす非負整数 n, m に対し，$a(n,m)$ を

$$\frac{(\log(1+t))^m}{m!} = \sum_{n \geqq m} a(n,m) \frac{t^n}{n!} \tag{8.24}$$

とおく．まず (8.24) において $m=0$ とすると，

$$a(n,0) = \begin{cases} 1 & (n=0) \\ 0 & (n \geqq 1) \end{cases}$$

が得られ，$a(n,0) = s(n,0)$ が分かる．また，(8.24) において，$\log(1+t) = \sum_{n \geqq 1} (-1)^{n-1} t^n / n$ より $a(m,m) = 1 = s(m,m)$ である．よって，$a(n,m) = s(n,m)$ $(n \geqq m)$ を示すためには，第 1 種スターリング数の漸化式 $s(n+1,m) =$

$s(n,m-1)-n\ s(n,m)$ から，

$$a(n+1,m)=a(n,m-1)-n\ a(n,m) \tag{8.25}$$

を示せばよい．(8.24) の両辺を形式微分し，両辺に $(1+t)$ を掛けると次の式が得られる．

$$\begin{aligned}\sum_{n\geqq m-1} a(n,m-1)\frac{t^n}{n!} &= (1+t)\sum_{n\geqq m} a(n,m)\frac{t^{n-1}}{(n-1)!}\\ &= \sum_{n\geqq m} a(n,m)\frac{t^{n-1}}{(n-1)!}+\sum_{n\geqq m} a(n,m)\frac{t^n}{(n-1)!}\\ &= \sum_{n\geqq m-1} a(n+1,m)\frac{t^n}{n!}+\sum_{n\geqq m} n\ a(n,m)\frac{t^n}{n!}\\ &= \frac{t^{m-1}}{(m-1)!}+\sum_{n\geqq m}\{a(n+1,m)+n\ a(n,m)\}\frac{t^n}{n!}\end{aligned}$$

両辺の係数を比べ，漸化式 (8.25) を得る．　□

非負整数 n と $x\in\mathbb{C}_p\setminus\mathbb{Z}_p$ に対し，

$$\begin{bmatrix} n \\ x \end{bmatrix}=\frac{n!}{x(x+1)\cdots(x+n)}$$

とおく．$\begin{bmatrix} n \\ x \end{bmatrix}$ について次の補題が成り立つ．

補題 8.7　非負整数 n と $x\in\mathbb{C}_p\setminus\mathbb{Z}_p$ に対し，以下の等式が成り立つ．

$$\begin{bmatrix} n \\ x \end{bmatrix}=\sum_{r=0}^{n}\frac{\binom{n}{r}(-1)^r}{x+r}$$

証明　$n=0$ のときは両辺 $1/x$ となり，主張は成り立つ．n のとき主張が成り立つと仮定する．二項係数の性質から，

$$\sum_{r=0}^{n+1}\frac{\binom{n+1}{r}(-1)^r}{x+r}=\sum_{r=1}^{n+1}\frac{\binom{n+1}{r}(-1)^r}{x+r}+\frac{1}{x}+\frac{(-1)^{n+1}}{x+n+1}$$

$$
\begin{aligned}
&= \sum_{r=1}^{n} \frac{\left\{\binom{n}{r} + \binom{n}{r-1}\right\}(-1)^r}{x+r} + \frac{1}{x} + \frac{(-1)^{n+1}}{x+n+1} \\
&= \sum_{r=1}^{n} \frac{\binom{n}{r}(-1)^r}{x+r} + \sum_{r=1}^{n} \frac{\binom{n}{r-1}(-1)^r}{x+r} + \frac{1}{x} + \frac{(-1)^{n+1}}{x+n+1} \\
&= \sum_{r=0}^{n} \frac{\binom{n}{r}(-1)^r}{x+r} - \sum_{r=0}^{n} \frac{\binom{n}{r}(-1)^r}{x+1+r}
\end{aligned}
$$

を得る．よって帰納法の仮定から，

$$
\begin{aligned}
\sum_{r=0}^{n+1} \frac{\binom{n+1}{r}(-1)^r}{x+r} &= \begin{bmatrix} n \\ x \end{bmatrix} - \begin{bmatrix} n \\ x+1 \end{bmatrix} \\
&= \begin{bmatrix} n+1 \\ x \end{bmatrix}
\end{aligned}
$$

を得る． □

R を 1 以上の実数，$b_n \in \mathbb{C}_p$ （$n = 0, 1, 2, \cdots$）とする．

補題 8.8　任意の $x \in \mathbb{C}_p, |x|_p > R$ に対し，$F(x)$ が収束する級数

$$
F(x) = \sum_{n \geqq 0} b_n \begin{bmatrix} n \\ x \end{bmatrix}
$$

で与えられているとする．

$$
f(t) = \sum_{n \geqq 0} b_n (1-t)^n
$$

とおき，$a_n \in \mathbb{C}_p$ を

$$
f(e^{-u}) = \sum_{n \geqq 0} a_n \frac{u^n}{n!}
$$

とおくと，次が成り立つ．

$$F(x) = \sum_{n \geqq 0} \frac{a_n}{x^{n+1}} \quad (|x|_p > R)$$

証明 まず，$F(x) = \begin{bmatrix} n \\ x \end{bmatrix} (n \geqq 0)$ のときを考える．

$$f(t) = (1-t)^n = \sum_{k=0}^{n} \binom{n}{k} (-t)^k$$

より，

$$\begin{aligned} f(e^{-u}) &= \sum_{k=0}^{n} \binom{n}{k} (-1)^k e^{-ku} \\ &= \sum_{k=0}^{n} \binom{n}{k} (-1)^k \sum_{\ell=0}^{\infty} \frac{(-ku)^\ell}{\ell!} \\ &= \sum_{\ell=0}^{\infty} c_\ell \frac{u^\ell}{\ell!}. \end{aligned}$$

ここで，

$$c_\ell = \sum_{k=0}^{n} \binom{n}{k} (-1)^{k+\ell} k^\ell$$

である．よって，

$$\begin{aligned} \sum_{\ell \geqq 0} \frac{c_\ell}{x^{\ell+1}} &= \sum_{\ell \geqq 0} \sum_{k=0}^{n} \binom{n}{k} (-1)^{k+\ell} k^\ell \frac{1}{x^{\ell+1}} \\ &= \sum_{k=0}^{n} \binom{n}{k} (-1)^k \frac{1}{x} \sum_{\ell \geqq 0} \left(-\frac{k}{x}\right)^\ell \\ &= \sum_{k=0}^{n} \binom{n}{k} (-1)^k \times \frac{1}{x} \times \frac{1}{1+k/x} \\ &= \sum_{k=0}^{n} \frac{\binom{n}{k} (-1)^k}{x+k} \\ &= \begin{bmatrix} n \\ x \end{bmatrix} \end{aligned}$$

を得る．ここで最後の等号は，補題 8.7 を用いた．よって，$F(x) = \begin{bmatrix} n \\ x \end{bmatrix}$ $(n \geqq 0)$ のとき主張は成り立つ，また，これより任意の非負整数 m に対し有限和 $F(x) = \sum_{n=0}^{m} b_n \begin{bmatrix} n \\ x \end{bmatrix}$ のときも主張が成り立つことが分かる．最後に無限和 $F(x) = \sum_{n \geqq 0} b_n \begin{bmatrix} n \\ x \end{bmatrix}$ のときを考える．

$$F(x) = \sum_{n \geqq 0} \frac{w_n}{x^{n+1}} \quad (w_n \in \mathbb{C}_p)$$

とおく．非負整数 m に対し，

$$F_m(x) = \sum_{n=0}^{m} b_n \begin{bmatrix} n \\ x \end{bmatrix},$$
$$f_m(t) = \sum_{n=0}^{m} b_n (1-t)^n$$

とおき，$a_m^{(n)} \in \mathbb{C}_p$ を

$$f_m(e^{-u}) = \sum_{n \geqq 0} a_m^{(n)} \frac{u^n}{n!}$$

とおくと，前半で示したことから，

$$F_m(x) = \sum_{n \geqq 0} \frac{a_m^{(n)}}{x^{n+1}}$$

である．$F(x) = \lim_{m \to \infty} F_m(x)$ より，$w_n = \lim_{m \to \infty} a_m^{(n)}$ を得る．一方，

$$f(t) = \sum_{n \geqq 0} b_n (1-t)^n = \lim_{m \to \infty} f_m(t),$$
$$f(e^{-u}) = \sum_{n \geqq 0} a_n \frac{u^n}{n!}$$

より，$a_n = \lim_{m \to \infty} a_m^{(n)}$ である．以上より，任意の非負整数 n に対し $a_n = w_n$ が得られ，$F(x) = \sum_{n \geqq 0} \frac{a_n}{x^{n+1}}$ が成り立つことが分かる．　□

p 進対数ガンマ関数 $G_p(x)$ を次で定める.

定義 8.9 $G_p(x)$ $(x \in \mathbb{C}_p \setminus \mathbb{Z}_p)$ を

$$G_p(x) = \frac{1}{2} - x + \lim_{k\to\infty} \frac{1}{p^k} \sum_{n=0}^{p^k-1} (x+n)\log_p(x+n)$$

と定義する.

$G_p(x)$ は $\mathbb{C}_p \setminus \mathbb{Z}_p$ において p 進正則関数であり, 関数方程式

$$G_p(x+1) = G_p(x) + \log_p(x)$$

をみたす. さらに次のベルヌーイ数との関係式が成り立つ[*16].

定理 8.10 任意の $\in \mathbb{C}_p$, $|x|_p > 1$ に対し, 以下の等式が成り立つ.

$$G_p(x) = \left(x - \frac{1}{2}\right)\log_p(x) - x + \sum_{n\geqq 1} \frac{B_{n+1}}{n(n+1)x^n}$$

p 進対数ガンマ関数を用いて, ディリクレ指標に対する p 進 L 関数の正の整数における次の等式が得られる.

定理 8.11 r を 2 以上の整数, χ を原始的ディリクレ指標とする. $\chi\omega^{r-1}$ の導手を $\widetilde{f}$ とおくと, 以下の等式が成り立つ.

$$L_p(r,\chi) = (p\widetilde{f})^{-r} \sum_{\substack{a=1\\(a,p)=1}}^{p\widetilde{f}} \chi\omega^{r-1}(a) \sum_{n\geqq r-2} \frac{(-1)^{n+r}}{(n+1)!} s(n+1,r-1) \left[\begin{array}{c} n \\ a/(p\widetilde{f}) \end{array}\right]$$

証明 定義 8.9 から $G_p(x)$ の r 階導関数は,

$$G_p^{(r)}(x) = (-1)^r(r-2)! \lim_{k\to\infty} \frac{1}{p^k} \sum_{n=0}^{p^k-1} (x+n)^{1-r} \tag{8.26}$$

である. 一方, 定理 8.10 から,

$$G_p^{(r)} = (-1)^r \sum_{n\geqq r-2} B_{n-r-2} \times \frac{n!}{(n-r+2)!} \times \frac{1}{x^{n+1}} \tag{8.27}$$

*16 [Di1] の Thereom5,6 参照.

を得る．ここでべき級数 $g(u)$ を

$$g(u) = \sum_{n \geqq r-2} (-1)^r \frac{B_{n-r+2}}{(n-r+2)!} u^n = \sum_{n \geqq 0} (-1)^r \frac{B_n}{n!} u^{n+r-2} \tag{8.28}$$

とおくと，定義 1.14（ベルヌーイ数の定義）から，

$$g(u) = (-1)^r u^{r-2} \times \frac{ue^u}{e^u - 1} = (-1)^r \frac{u^{r-1}}{1 - e^{-u}}$$

を得る．$u = -\log(t)$ を代入し，補題 8.6 を用いると，

$$g(-\log(t)) = (-1)^r \frac{(-\log(t))^{r-1}}{1-t} = \sum_{n \geqq r-2} (-1)^n \frac{(r-1)!}{(n+1)!} s(n+1, r-1)(1-t)^n$$

を得る．次に，

$$\sum_{n \geqq r-2} (-1)^n \frac{(r-1)!}{(n+1)!} s(n+1, r-1) \begin{bmatrix} n \\ x \end{bmatrix}$$

に対し，補題 8.8 を用いる．

$$f(t) = \sum_{n \geqq r-2} (-1)^n \frac{(r-1)!}{(n+1)!} s(n+1, r-1)(1-t)^n = g(-\log(t))$$

とおくと，$f(e^{-u}) = g(u)$ であり，(8.28) と補題 8.8 から，

$$\sum_{n \geqq r-2} (-1)^n \frac{(r-1)!}{(n+1)!} s(n+1, r-1) \begin{bmatrix} n \\ x \end{bmatrix} = (-1)^r \sum_{n \geqq r-2} B_{n-r+2} \times \frac{n!}{(n-r+2)!} \times \frac{1}{x^{n+1}} \tag{8.29}$$

を得る．(8.26)，(8.27)，(8.29) より，

$$\sum_{n \geqq r-2} (-1)^n \frac{(r-1)!}{(n+1)!} s(n+1, r-1) \left[\begin{array}{c} n \\ x \end{array} \right]$$
$$= (-1)^r (r-2)! \lim_{k\to\infty} \frac{1}{p^k} \sum_{n=0}^{p^k-1} (x+n)^{1-r}$$

である．a を p で割れない整数とし，$x = a/(p\widetilde{f})$ $(\in \mathbb{C}_p \setminus \mathbb{Z}_p)$ を上式に代入すると，

$$\sum_{n \geqq r-2} (-1)^n \frac{(r-1)!}{(n+1)!} s(n+1, r-1) \left[\begin{array}{c} n \\ a/(p\widetilde{f}) \end{array} \right]$$
$$= (-1)^r (r-2)! \lim_{k\to\infty} \frac{1}{p^k} \sum_{n=0}^{p^k-1} (a/(p\widetilde{f})+n)^{1-r}$$
$$= (-1)^r (r-2)! \lim_{k\to\infty} \frac{1}{p^k (p\widetilde{f})^{1-r}} \sum_{n=0}^{p^k-1} (a+p\widetilde{f}n)^{1-r}$$
$$= (-1)^r (r-2)! \lim_{k\to\infty} \frac{1}{p^{k+1-r}\widetilde{f}^{1-r}} \sum_{\substack{n=0 \\ n\equiv a \pmod{p\widetilde{f}}}}^{\widetilde{f}p^{k+1}-1} n^{1-r}$$

であり，両辺に $(-1)^r/\{(p\widetilde{f})^r(r-1)!\}$ をかけ，

$$(p\widetilde{f})^{-r} \sum_{n \geqq r-2} \frac{(-1)^{n+r}}{(n+1)!} s(n+1, r-1) \left[\begin{array}{c} n \\ a/(p\widetilde{f}) \end{array} \right]$$
$$= \frac{1}{r-1} \lim_{k\to\infty} \frac{1}{p^{k+1}\widetilde{f}} \sum_{\substack{n=0 \\ n\equiv a \pmod{p\widetilde{f}}}}^{\widetilde{f}p^{k+1}-1} n^{1-r} \tag{8.30}$$

を得る．定義 3.3（p 進 L 関数の定義），(8.30) より，

$$L_p(r,\chi) = \frac{1}{r-1} \lim_{k\to\infty} \frac{1}{\widetilde{f}p^{k+1}} \sum_{\substack{n=1 \\ (n,p)=1}}^{\widetilde{f}p^{k+1}} \chi(n)\langle n\rangle^{1-r}$$
$$= \frac{1}{r-1} \lim_{k\to\infty} \frac{1}{\widetilde{f}p^{k+1}} \sum_{\substack{n=1 \\ (n,p)=1}}^{\widetilde{f}p^{k+1}} \chi\omega^{r-1}(n) n^{1-r}$$
$$= \frac{1}{r-1} \lim_{k\to\infty} \frac{1}{\widetilde{f}p^{k+1}} \sum_{\substack{n=1 \\ (a,p)=1}}^{\widetilde{f}p} \chi\omega^{r-1}(a) \sum_{\substack{n=1 \\ n\equiv a \pmod{\widetilde{f}p}}}^{\widetilde{f}p^{k+1}} n^{1-r}$$

$$= (p\widetilde{f})^{-r} \sum_{\substack{a=1 \\ (a,p)=1}}^{\widetilde{f}p} \chi\omega^{r-1}(a) \sum_{n \geqq r-2} \frac{(-1)^{n+r}}{(n+1)!} s(n+1, r-1) \begin{bmatrix} n \\ a/(p\widetilde{f}) \end{bmatrix}$$

を得る. □

おわりに

数学史というのは，日本史や文学史などに比べ一般の方々には理解しにくいかもしれません．本シリーズのテーマであるゼータ関数の歴史に現れる膨大な結果は，各時代の研究者が身を削って残した偉業であり，個々の偉業が紡がれた襷が次の研究者にそっと受け継がれています．数学の結果というのは，洗練されて無機質ですが，それを懸命に紡いでいるのは，数式からは想像できないほど感情豊かで繊細な研究者たちです．数学史を振り返るとき，個々の結果の重要性とそれらに込められた研究者たちの想いに畏れを抱かずにはいられません．

異世界の p 進ゼータ関数は，ゼータ関数の歴史に現れてから半世紀しか経っていませんが，日々発展し続け現在も多くの研究が重ねられています．本書ではほとんど触れませんでしたが，現在紡がれている p 進ゼータ関数の次の広がりについては，いずれふさわしい方による，新たな解説本が現れることでしょう．

2018 年 12 月 16 日
青木 美穂

参考文献

[Ad] 足立恒雄，p 進解析の系譜，第 1 回数学史シンポジウム報告集，1991.

[Ao] M. Aoki, The Iwasawa main conjecture and Gauss sums, J. Number Theory 89, no.1（2001）, 151–164.

[AIK] 荒川恒男，伊吹山知義，金子昌信，『ベルヌーイ数とゼータ関数』，牧野書店，2001.

[Bak1] A. Baker, Linear forms in the logarithms of algebraic numbers, Mathematika 13（1966）, 204–216.

[Bak2] A. Baker, Linear forms in the logarithms of algebraic numbers II, Mathematika 14（1967）, 102–107.

[Bak3] A. Baker, Linear forms in the logarithms of algebraic numbers III, Mathematika 14（1967）, 220–228.

[Bar] D. Barsky, Fonctions *zêta* p-adiques d'une classe de rayon des corps de nombres totalement réels, Groupe de travail d'analyse ultramêtrique, 5e année, 1977/1978, no 16（1978）, 1–23.

[Br] A. Brumer, On the units of algebraic number fields, Mathematika 14（1967）, 121–124.

[Car] L. Carlitz, Some Arithmetic properties of generalized Bernoulli Numbers, Bull. Amer. Math. Soc. 65（1959）, 68–69.

[Cas] P. Cassou-Noguès, Valeurs aux entiers négatifs des fonctions zêta et fonctions zêta p-adiques, Invent. math. 51（1979）, 29–59.

[CD1] P. Charollois, S. Dasgupta, Integral Eisenstein cocycles on GL_n, I: Sczech's cocycle and p-adic L-functions of totally real fields, Cambridge Journal of Mathematics 2 (2014), no.1, 49–90.

[CD2] P. Charollois, S. Dasgupta, Integral Eisenstein cocycles on GL_n, II: Shintani's method, Comment. Math. Helv. 90 (2015), no.2, 435–477.

[Cl] T. Clausen, Theorem, Astron. Nachr. 17 (1840), 351–352.

[Coa] J. Coates, p-adic L-functions and iwasawa's theory, Algebraic Number Fields (Durham Symposium, 1975, ed. by A. fröhlich), 269–353, Academic Press, London, 1977.

[Col] R. Coleman, Division values in local fields, Invent. Math. 53 (1979), 91–116.

[Colz] P. Colmez, Résidu en $s = 1$ des fonctions zêta p-adiques, Invent. Math. 91 (1988), 371–398.

[CSSV] J. Coates, P. Schneider, R. Sujatha, O. Venjakob (Eds.), Noncommutative Iwasawa Main Conjectures over Totally Real Fielsd, Münster, April 2011, Springer Proceedings in Mathematics and Statistics, 2012.

[Di1] J. Diamond, The p-adic log gamma function and p-adic Euler constants, Trans. Amer. Math. Soc. 233 (1977), 321–337.

[Di2] J. Diamond, On the values of p-adic L-functions at positive integers, Acta Arith. 35 (1979), 223–237

[DR] P. Deligne, K. Ribet, Values of abelian L-functions at negative integers over totally real fields, Invent. math. 59 (1980), 227–286.

[FK] T. Fukuda, K. Komatsu, On the λ invariants of $\mathbb{Z}_p$-extensions of real quadratic fields, J. Number Theory 23, no.2 (1986), 238–242.

[FG] B. Ferrero, R. Greenberg, On the behaviour of p-adic L-functions at $s = 0$, Invent. math. 50 (1978), 91–102.

[FT] T. Fukuda, H. Taya, The Iwasawa λ-invariants of $\mathbb{Z}_p$-extensions of real quadratic fields, Acta Arith. 69 (1995), no.3, 277–292.

[FW] B. Ferrero, L. C. Washington, The Iwasawa invariant μ_p vanishes for abelian number fields, Ann. of Math. 109 (1979), 377–395.

[Gree] R. Greenberg, On the Iwasawa invariants of totally real number fields, Amer. J. Math. 98 (1976), 263–284.

[Grei] C. Greither, Class groups of abelian fields, and the main conjecture, Ann. Inst. Fourier 42, no. 3 (1992), 449–499.

[Gro] B. Gross, p-adic L-series at $s = 0$, J. Fac. Sci. Univ. Tokyo Sect. IA 28 (1981), 979–994.

[GK] B. Gross, N. Koblitz, Gauss sums and the p-adic gamma function, Ann. of Math. 109 (1979), 569–581.

[Ha] H. Hasse, Vandiver's Congruence for the Relative Class Number of the pth Cyclotomic Field, J. Math. Anal. Appl. 15 (1966), 87–90.

[Ici] 市村文男，『岩澤理論入門』，都立大学数学教室セミナー報告，1996.

[IS1] H. Ichimura, H. Sumida, On the Iwasawa λ-invariants of certain real abelian fields, Tôhoku Math. J. 49 (1997), 203–215.

[IS2] H. Ichimura, H. Sumida, On the Iwasawa λ-invariants of certain real abelian fields II, International J. Math. 7 (1996), 721–744.

[Iw1] K. Iwasawa, On p-adic L-functions, Ann. Math. (2) 89 (1969), 198–205.

[Iw2] K. Iwasawa, Lectures on p-adic L-functions, Annals of Mathematics Studies, 1972.

[Kl] H. Klingen, Über die Werte der Dedekindsche Zetafunktion, Math. Annalen 145 (1962), 265–272.

[Kob] N. Koblitz, p-adic Numbers, p-adic Analysis, and Zeta-Functions, 2nd ed., Graduate Texts in Mathematics 58, Springer-Verlag, 1984.

[Kol] V. A. Kolyvagin, Euler systems, The Grothendieck Festschrift, Vol. II, Progr. Math. 87, Birkhäuser Boston, Boston, MA（1990）, 435–483.

[KL] T. Kubota, W. Leopoldt, Eine p-adische Theorie der Zetawerte, Teil I: Einführung der p-adischen Dirichletschen L-Funktionen, J. Reine Angew. Math. 214/215（1964）, 328–339.

[Ku] E. E. Kummer, Über eine allgemeine Eigenschaft der rationalen Entwicklungscoefficienten einer bestimmten Gattung analytischer Functionen, J. Reine Angew. Math. 41（1851）, 368–372.

[Kur] M. Kurihara, Some remarks on conjectures about cyclotomic fields and K-groups of $\mathbb{Z}$, Compositio Math. 81 (1992), no. 2, 223–336.

[K] 黒川信重,『オイラーとリーマンのゼータ関数』, 日本評論社, 2018.

[KK] 黒川信重, 小山信也,『ゼータへの招待』, 日本評論社, 2018.

[KKS1] 加藤和也, 黒川信重, 斎藤毅,『数論 I, Fermat の夢と類体論』, 岩波書店, 2005.

[KKS2] 黒川信重, 栗原将人, 斎藤毅,『数論 II, 岩澤理論と保型形式』, 岩波書店, 2005.

[La] S. Lang, Cyclotomic Fields I and II, Combined 2nd ed,. Graduate Texts in Mathematics 121, Springer-Verlag, 1990.

[Le1] H. W. Leopoldt, Eine Verallgemeinerung der Bernoullischen Zahlen, Abh. Hamburg 22（1958）, 131–140.

[Le2] H. W. Leopoldt, Zur Arithmetik in abelschen Zahlkörpern, J. reine angew. Math. 209（1962）, 54–71.

[Le3] H. W. Leopoldt, Eine p-adische Theorie der Zetawerte. II, Die p-adische Γ-Transformation, J. reine angew. Math. 274/275（1975）, 224–239.

[Ma] 松本耕二,『リーマンのゼータ関数』, 朝倉書店, 2005.

[Mi] Y. Mizusawa, On the Iwasawa Invariants of $\mathbb{Z}_2$-Extensions of Certain Real Quadratic Fields, Tokyo J. Math. 27, no.1 (2004), 255–261.

[MR] B. Mazur, K. Rubin, Kolyvagin systems, Mem. Am. Math. Soc. 168, No.799, 2004.

[MW] B. Mazur, A. Wiles, Class fields of Abelian extensions of $\mathbb{Q}$, Invent. Math. 76 (1984), 179–330.

[Mo1] Y. Morita, A p-adic analogue of the Γ-function, J. Fac. Sci. Univ. Tokyo, Sec. IA 22 (1975), 255–266.

[Mo2] 森田康夫, 『整数論』, 東京大学出版会, 1999.

[N] J. ノイキルヒ, 『代数的整数論』, 足立恒雄監修, 梅垣敦紀訳, 丸善出版, 2012.

[O] 落合理, 『岩澤理論とその展望(上)(下)』, 岩波数学叢書, 岩波書店, 2014(上巻), 2016(下巻).

[OT] M. Ozaki, H. Taya, On the Iwasawa λ_2-invariants of certain families of real quadratic fields, Manuscripta Math. 94 (1997), 437–444.

[P] P 進 L 関数と代数体の整数論, 数理解析研究所講究録 411, 1981.

[Re] K. Ribet, Report on p-adic L-functions over totally real fields, Astérisque 61 (1979), 177–192.

[Ro] A.M. Robert, A Corse in p-adic Analysis, Graduate Texts in Mathematics 198, Springer-Verlag, 2000.

[Sa] 斎藤秀司, 『整数論』, 共立講座 21 世紀の数学 20, 共立出版, 1997.

[Se] J.P. Serre, Sur le résidu de la fonction zêta p-adique d'un corps de nombres, C. R. Acad. Sci. Paris 287, série A (1978), 183–188.

[Shir] K. Shiratani, Kummer's congruence for generalized Bernoulli numbers and its application, Mem. Facu. Scie., Kyushu Univ., 26 (1971), 119–138.

[Shin] T. Shintani, On evaluation of zeta functions of totally real algebraic number fields at non-positive integers, J. Fac. Sci. Univ. Tokyo Sec. IA 23 (1976), 393–417.

[Si] C.L. Siegel, Über die Fourierschen Koeffizienten von Modulformen, Nachr. Akad. Wiss. Göttingen, Math. -Phys. K1.3 (1970), 15–56.

[Sn] V. Snaith., Algebraic K-groups as Galois modules, Progress in Math. 206, Birkhäuser, Basel, 2002.

[Sp] M. Spiess, Shintani cocycles and the order of vanishing of p-adic Heck L-series at $s = 0$, Math. Ann. 359 (2014), 239–265.

[St] K.G.C. von Staudt, Beweis eines Lehrsatzes, die Bernoullischen Zahlen betreffend, J. Reine Angew. Math. 21 (1840), 372–374.

[Ta1] J. Tate, On stark's conjectures on the behavior of $L(s, \chi)$ at $s = 0$, J. Fac. Sci. Univ. Tokyo Sect. IA 28 (1981), 963–978.

[Ta2] J. Tate, Les conjectures de Stark sur les fonctions L d'Artin en $s = 0$, Birkhäuser, Boston, 1984.

[Ts] T. Tsuji, On the Iwasawa λ-invariants of real abelian fields, Trans. Amer. Math. Soc. 355, no.9 (2003), 3699–3714.

[Wa] L.C. Washington, Introduction to cyclotomic fields, 2nd ed., Graduate Texts in Mathematics 83, Springer-Verlag, 1997.

[Wi] A. Wiles, The Iwasawa conjecture for totally real fields, Ann. of Math. 131 (1990), 493–540.

[03] 2003 年度整数論サマースクール報告集「岩澤理論」世話人：尾崎学, 田谷久雄, 八森祥隆.

[14] 2014 年度整数論サマースクール報告集「非可換岩澤理論 I, II」世話人：原隆, 水澤靖.

索引

数字・アルファベット

あ

か

さ

た

は

や

ら

わ

青木美穂（あおき・みほ）
1974年神奈川県茅ヶ崎市生まれ. 1997年東京都立大学理学部数学科卒業. 2002年東京都立大学大学院理学研究科数学専攻修了. 博士(理学). 岡山理科大学理学部講師などを経て, 現在, 島根大学学術研究院理工学系准教授. 専門は数論.
著書に,『線形代数学』(共著, 学術図書出版),『応用数理ハンドブック』(分担執筆, 朝倉書店)がある.

日本評論社創業100年記念出版

p進(しん)ゼータ関数(かんすう)
久保田(くぼた)-レオポルドから岩澤理論(いわさわりろん)へ
シリーズ ゼータの現在(げんざい)

発行日　2019年2月20日　第1版第1刷発行

著　者　青木美穂
発行所　株式会社 日本評論社
170-8474 東京都豊島区南大塚 3-12-4
電話　03-3987-8621[販売]　03-3987-8599[編集]
印　刷　三美印刷株式会社
製　本　株式会社難波製本
装　幀　妹尾浩也

ISBN978-4-535-60354-7